Ueber die

Prüfung der Glas-Mikrometer.

Inaugural-Dissertation.

Herausgegeben von

Dr. Francis Place.

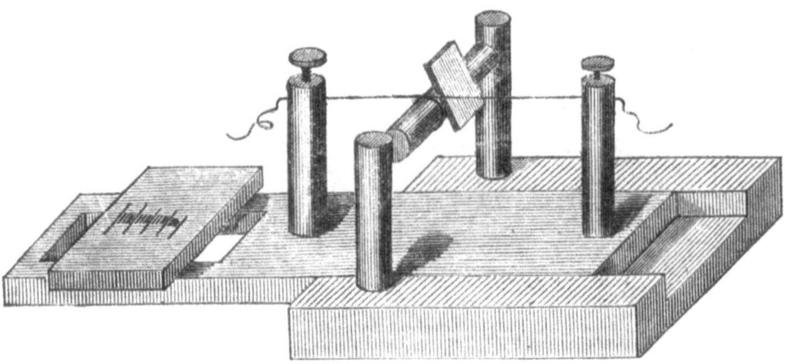

Mit 24 in den Text eingedruckten Holzschnitten.

Berlin,

Verlag von Georg Reimer

1860.

Ueber die

Prüfung der Glas-Mikrometer.

Inaugural-Dissertation.

Herausgegeben von

Dr. Francis Place.

Mit 24 in den Text eingedruckten Holzschnitten.

Berlin,

Verlag von Georg Reimer.

1860.

Den Manen

B E S S E L ' s

sind diese Blätter

ehrerbietigst gewidmet.

Ueber die

Prüfung der Glas-Mikrometer.

Die Thatsache, dass unsere sämmtlichen Mikrometer — ohne alle und jede Ausnahme — mit grösseren oder geringeren Fehlern behaftet sind, muss nothwendigerweise zwei Fragen hervorrufen. Die erste ist:

„Durch welche Methoden und mit welchen Instrumenten können „wir Mikrometer von möglichst hoher Vollkommenheit her- „stellen?“

und ihre Beantwortung wird namentlich darin bestehen, Vorkehrungen zu ersinnen, durch welche die bei der Anfertigung der Mikrometer bisher einwirkenden Fehlerquellen beseitigt werden. Die andere Frage ist:

„Wie kann man mit einem bereits fertigen, wahrscheinlich mit „Fehlern behafteten Mikrometer möglichst genaue Messungen „ausführen?“

Hier wird es darauf ankommen, sich der von einem tadellosen Mikrometer zu erfüllenden Bedingungen klar bewusst zu werden, die Abweichungen — das heisst: die Fehler — ihrem Wesen nach zu erkennen, und ihrer Grösse nach durch Beobachtung zu bestimmen, und sich dadurch in den Stand zu setzen, durch geeignete Correctionen das durch die direkte Mikrometer-Messung erhaltene, fehlerhafte Resultat in ein richtiges zu verwandeln.

Ich habe mir die Beantwortung dieser zweiten Frage zur Aufgabe gestellt; weil aber die richtige Einsicht in die Natur der in Rede stehenden Fehler nothwendigerweise einige Kenntniss der Art erfordert, auf welche die Mikrometer hergestellt werden, und weil diese Art die bisherige Antwort auf die erste Frage bildet, so werde ich von Zeit zu Zeit auch das von dieser bezeichnete, mehr technische Gebiet betreten müssen. Ich werde mich jedoch auf demselben nicht länger aufhalten, als mir der genannte Zweck zu erfordern scheint.

Eine eingehendere Arbeit über diesen Punkt ist mir nicht bekannt geworden; was in Mikrographien hie und da in dieser Beziehung anzutreffen ist, das findet man zusammengestellt in dem sehr empfehlenswerthen Werk: „Das Mikroskop," von P. Harting, Professor zu Utrecht (deutsch von Dr. F. W. Theile, Braunschweig bei Vieweg & Sohn, 1859). Ich werde wiederholt Veranlassung finden, dies Werk zu citiren. Die darin häufig genannten: „Recherches micrométriques" habe ich mir hier nicht verschaffen können, doch glaube ich, dass dieselben nichts für den in Rede stehenden Punkt Wichtiges enthalten, was nicht im „Mikroskop" an den später anzugebenden Stellen ebenfalls anzutreffen sei.

Weil unser Augenmaass und Gedächtniss gänzlich unzuverlässig sind, so müssen wir den Massstab und den zu messenden Gegenstand nothwendig gleichzeitig erblicken.

Dieser Anforderung genügten — nach Charles Chevalier's Erzählung*) — Leeuwenhoeck und Jurin sehr unvollkommen, indem Ersterer Sandkörner von angeblich bekanntem, Letzterer Drathstückchen von wirklich bekanntem Durchmesser neben dem zu messenden Objecte auf eine Glassplatte brachte.

Dieser Methode liegt ein verkehrtes Princip zu Grunde, und selbst wenn man den zu messenden Gegenstand direct auf ein Glasmikrometer legen wollte, so würde es bei einigermassen starker Vergrösserung doch ganz unmöglich sein, den Gegenstand mit den Mikrometerstrichen zugleich vollkommen deutlich zu sehen.

*) Des Microscopes et de leur usage, Paris 1839, pag. 136.

Unsere heutigen Mikrometer benützen alle den günstigen Umstand, dass im Ocular des zusammengesetzten Mikroskopes ein scharfes Bild des Gegenstandes entsteht, das sich in genaue Coincidenz bringen lässt mit einem dort angebrachten Glas-Mikrometer oder Fadennetz oder einer der zahlreichen Vorrichtungen, die man zu dem Ende ersonnen hat.

Beim Objecttisch-Schraubenmikrometer wird der Gegenstand auf dem Object-Tisch durch eine Schraube verschoben, bis nach einander die beiden entgegengesetzten Ränder desselben mit einem im Ocular ausgespannten, festen Faden zusammenfallen. Der Vortheil dieser Methode ist, dass man am Kopf der Schraube direct die wahre Grösse des Gegenstandes ablesen kann, weil die Höhe der Schraubengänge bekannt ist, oder wenigstens ein- für alle Mal ermittelt werden kann, und dass man Gegenstände messen kann, deren Grösse die des Gesichtsfeldes weit übertrifft; der Nachtheil liegt im hohen Preis, und weit mehr noch in dem Uebelstand, dass alle Fehler der Schraube mit vergrössert werden, weshalb eine höchst genaue Messung mit diesem Instrument geradezu unmöglich ist.

Beim Ocular-Schraubenmikrometer bleibt der Gegenstand fest stehen, und der im Ocular befindliche Faden wird durch eine Schraube verschoben, bis er nach einander die beiden entgegengesetzten Ränder des Gegenstandes berührt. Der Vortheil besteht hier in einer ausserordentlich viel grösseren Genauigkeit, weil die Fehler der Schraube nicht mit vergrössert werden. Den Nachtheil bildet auch hier der hohe Preis, ferner die Nothwendigkeit, dass man für jedes Objectivsystem und für jede Rohrlänge erst den absoluten Werth der Schraubenumgänge mit Hülfe eines Glas-Mikrometers ermitteln muss, und endlich der vielfach übersehene Umstand, dass — wofern das Ocular nicht eine gewisse Eigenschaft hat — die Schraubenumgänge einen veränderlichen Werth haben, je nach der absoluten Grösse des zu messenden Gegenstandes. Ich werde diesen Umstand später beim Ocular-Glasmikrometer genauer besprechen.

Das Schrauben-Ocular will ich hier nicht unerwähnt lassen, da es wohlfeil und bequem und, meiner Ansicht nach, zu wenig verbreitet ist. Es ragen von zwei entgegengesetzten Seiten her zwei Schrauben in dasselbe hinein, die aussen mit Köpfen versehen sind und innen in Spitzen enden. Man fasst das Bild des Objects genau zwischen diese Spitzen, nimmt dann das Object vom Object-Tisch und legt dafür ein Glasmikrometer auf denselben, worauf man die zwischen den Spitzen enthaltenen Striche zählt, und da man die Zehntel eines Intervalles schätzen kann, so reicht man mit einem Mikrometer, auf welchem 1 Millimeter in 100 Theile getheilt ist, vollkommen aus.

Bei weitem am bequemsten aber, am schnellsten und wohl auch am wohlfeilsten kommt man zum Ziele, wenn man ein Glasmikrometer in's Ocular legt, und das Bild mit dessen Theilung zusammenfallen lässt. Damit dies mit vollkommener Schärfe geschehe, hat man auf dreierlei zu achten.

Erstens muss sich der Gegenstand haargenau — ja weit mehr als haargenau — in der richtigen Entfernung vom Objectiv befinden. Hiervon, von der sogenannten scharfen Einstellung, überzeugt man sich am besten, wenn man den Beleuchtungsspiegel hin und her neigt oder ganz zur Seite schiebt. War die Einstellung nicht ganz vollkommen scharf, so werden sich die Ränder des Gegenstandes gegen die Striche des Ocular-Mikrometers ein wenig zu verschieben scheinen, war sie aber hinreichend scharf, so wird der Gegenstand in Ruhe bleiben. Dies ausserordentlich empfindliche Mittel beruht auf der von Herrn Zeiss*) gemachten Entdeckung der seitlichen Verschiebung bei schiefer Beleuchtung, deren Erklärung**) ich zu geben versucht habe.

Ferner muss das vom Objectiv und Collectiv bewirkte Bild ganz eben sein, da es sonst nicht mit der ebenen Theilung des Mikrometers zusammenfallen kann. Hierzu aber ist eine ganz eigene Construction des Oculares erforderlich, auf die ich, wegen der Wichtigkeit des Gegenstandes, hier eingehen zu müssen glaube.

Bekanntlich liegt nämlich das Bild, welches eine Sammellinse von einem völlig ebenen Gegenstand hervorruft, auf einer gewölbten Fläche, (Fig. 1.)

---

*) Pogg. Ann: Band 103, pag. 654.
**) Pogg. Ann: Band 107, pag. 657.

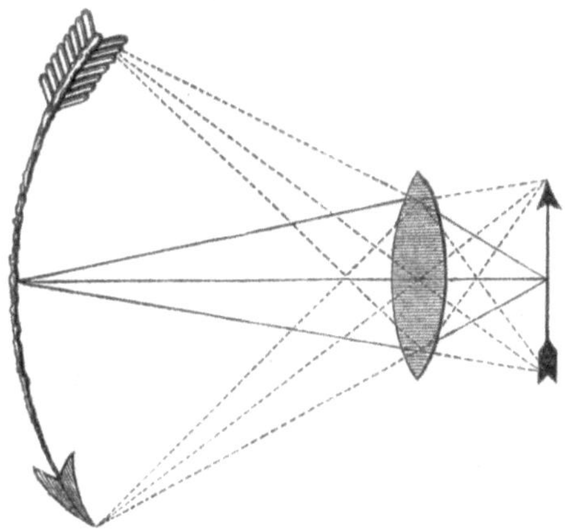

Fig. 1.

Wie schon Moser*) erläutert hat, hat diese Wölbung des Bildes mit der spärischen Aberration der Linse gar nichts zu schaffen, und wenn Kellner**) dieselbe gleichwohl als Grund angab, so ist man billig in Zweifel, ob dieser geschickte Künstler über die Theorie dieser Erscheinung wirklich im Unklaren gewesen sein sollte, oder ob er dem Leser die Erkenntniss des Wesens seiner, ziemlich einfachen, Linsencombination erschweren wollte, welcher Verdacht uns auch noch auf anderen Wegen aus der Fassung der citirten Schrift entgegentritt.

Eine Beschränkung der Linsenöffnung durch Diaphragmen hebt die Wölbung also nicht auf, es kommt nicht darauf an, ob die Strahlen die Ränder oder das Centrum der Linse passirt haben, sondern einzig darauf, ob der Strahlen-aussendende Punkt in oder ausserhalb der Achse lag. Man kann alle hierauf beruhenden Erscheinungen etwa in folgende Formel fassen:

„Die Brennweite einer Sammellinse in Bezug auf einen leuchtenden Punkt ist um so kleiner, je weiter derselbe — vom Centrum der Linse aus gesehen — von der Achse der Linse entfernt ist."

---

*) Repertorium der Physik, Band 5.

**) Das orthoskopische Ocular, pag. 9 und 10.

Es kann hiernach keine Mühe machen, einzusehen, dass auch die von Sammellinsen als Vergrösserungsgläsern bewirkten — virtuellen — Bilder gewölbt sind, (Fig. 2)

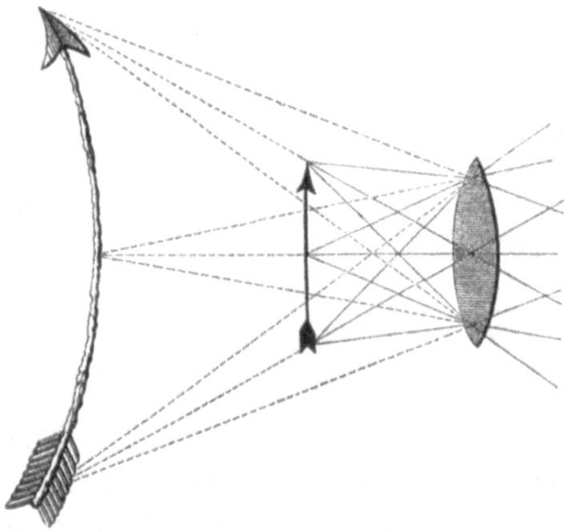

Fig. 2.

und dass ein Gegenstand auf entgegengesetzte Art gewölbt sein müsste, (Fig. 3)

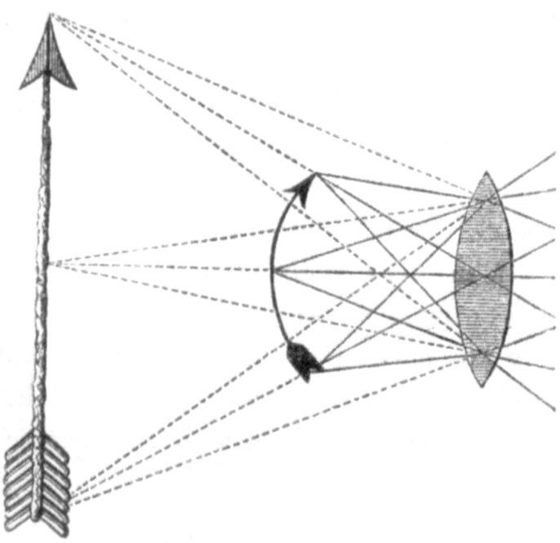

Fig. 3.

damit sein virtuelles Bild ganz eben und überall gleich deutlich erschiene. Aus der Anschauung von Fig. 1, 2 und 3 wird man nun leicht erkennen, dass das vom Objectiv bewirkte Bild gerade nach der entgegengesetzten Seite hin gewölbt sein müsste, wenn es — ohne Collectiv durch's Ocular betrachtet — dem Auge eben erscheinen sollte, so dass die Gegenstände am Rande des Gesichtsfeldes ebenso deutlich begrenzt wären, wie in dessen Mitte. Eine solche Umkehrung oder Umstülpung der Wölbung lässt sich nun durch's Collectiv in der That bewirken*) was man auch nach der oben ausgesprochenen Formel einsehen wird, und dies eben ist die Haupttugend von Kellner's „orthoskopischem Ocular."**) Die Achromasie und angebliche Aplanasie desselben hat hierfür keine Bedeutung, indem es lediglich auf die richtige Lage und Brennweite des Collectives ankommt.

In allen Ocularen also, die ein schönes, ebenes Bild geben, ist das zwischen Collectiv und Ocular zu Stande kommende Luftbild gewölbt. Wollte man es mit einer Mikrometertheilung zusammenfallen lassen, so müsste diese auf höchst complicirte Weise auf die convexe Seite eines Uhrglases eingeschnitten, und dasselbe dann — mit der getheilten Seite nach unten — auf das Diaphragma in's Ocular gelegt werden. Da aber unsere Ocularmikrometer natürlich stets eben sind, so muss auch das Bild eben sein, das heisst: die Bildwölbung muss durch's Collectiv nur gerade vernichtet, aber nicht umgekehrt werden. Allerdings gewährt dies „Mikrometer-Ocular" beim Durchblick kein so schönes Bild, die Ränder des Gegenstandes und die auf den Seiten stehenden Mikrometerstriche erscheinen trübe und wohl auch ein wenig verzogen; allein alle diese, von der vom Ocularglas hervorgebrachten Wölbung herrührenden, Verziehungen influiren das Bild und die Theilung genau auf dieselbe Weise, so dass zwar die Schönheit des Anblickes gemindert wird, die strengste Exactheit der Messung aber gewahrt bleibt.

Ich glaubte, diese Betrachtung nicht abkürzen zu dürfen, weil mir eine klare Darlegung dieser häufig missverstandenen oder ganz übersehenen Verhältnisse angelegen war.

Der dritte Punkt endlich, auf den man bei Anwendung des Ocularmikrometers zu achten hat, ist der: dass die getheilte Fläche

*) Harting's „Mikroskop" pag. 135.
**) Harting's „Mikroskop" pag. 737.

stets dem Objectiv zugewendet wird. Man bekommt so keine (durch Reflexion an der Hinterwand der Mikrometerplatte bewirkte) Verdoppelung der Theilstriche, auch ist diese Lage nöthig, damit Bild und Theilung auf ihrem Weg zum Ocularglas genau dieselbe Brechung erleiden.

Hat man nun auf richtige Weise ein Ocularmikrometer in ein Ocular von geeigneter Bauart eingelegt und scharf eingestellt, so ist die Messung über alle Beschreibung leicht und bequem. Wer geübt ist, Zehntel, oder — was bei hinreichender Uebung mit völliger Sicherheit geschieht — gar Zwanzigstel zu schätzen, in dessen Händen steht dies Mikrometer keinem andern — selbst dem Ocular-Schraubenmikrometer nicht — an Genauigkeit nach. Man hat zwar Vorkehrungen erdacht, das Mikrometer im Ocular durch eine Schraube zu verschieben, um damit den einen Rand des Gegenstandes mit einem beliebigen Theilstrich in Coincidenz zu bringen; allein der dadurch bewirkte Gewinn an Bequemlichkeit und Genauigkeit (?) scheint kein ausreichender Ersatz zu sein für die Complicirung des Apparates, und dadurch nothwendigerweise verursachte Kostenerhöhung.

Die bei allen diesen Methoden nur als Etalons benutzten Object-Glasmikrometer und die zur eigentlichen Messung angewandten Ocular-Glasmikrometer werden daher nun näher zu besprechen sein, wobei ich bemerken will, dass die Schraubenmikrometer dabei insofern mit inbegriffen sind, als zur Anfertigung der Glasmikrometer eben solche Schrauben gedient haben, von deren Fehlern am geeigneten Orte die Rede sein wird.

Es werden dabei im ferneren Verlauf dieser Arbeit häufig Beobachtungen und Messungen vorkommen, die ich mit meinem Mikroskop angestellt habe, und da ich später den Gang der Betrachtung nicht gern unterbrechen möchte, so will ich hier dasjenige einschalten, was zur Beurtheilung dieses Instrumentes vielleicht von Interesse sein könnte. Es hat 2 Objective und 2 Oculare; die Objective sind von Nachet und stehen zu einander im Verhältniss der Stärke von 1 zu 4½; die Oculare haben das Verhältniss von 1 zu 2. Das schwächere Ocular ist im Sinne von pag. 7 als Mikrometer-Ocular eingerichtet, während das stärkere als orthoskopisches Ocular construirt ist (das heisst: ein ausgedehnteres, unverzerrtes, durchweg völlig scharfes Gesichtsfeld hat). Das schwächere Objectiv giebt mit den beiden Ocularen (bei 25 Centimeter Normal-Distanz) Vergrösserungen von 50 und 100, das starke System solche von 225 und 450. Die Querlinien von Hipparchia Janira, und — was mehr sagen will — von den langen, glashellen, in Haarbüschel endenden Schuppen des Kohlweisslings (Pieris Brassicae) sehe ich mit der starken Vergrösserung schon bei gerader Beleuchtung so leicht, dass diese Schuppen für dies Mikroskop keine wahren Probeobjecte mehr sind; die Linien auf Pleurosigma angulatum (von Bourgogne trocken eingelegt) sehe ich bei schiefem Licht manchmal, so dass hier die Gränze meiner optischen Kraft liegt. Steht somit auch das Instrument den jetzt gebauten Meisterwerken unendlich nach, so ist es doch sicherlich ein gutes und dürfte für den vorliegenden Zweck mehr als ausreichend sein.

Die Glasplatte, welche die Theilung tragen soll, muss natürlich aus vollkommen klarem Glase bestehen, parallele, ebene, wohl polirte Flächen haben und hinlänglich stark sein, um dem Zerbrechen zu widerstehen. Diese Bedingungen sind wohl stets genügend erfüllt, weil der Preis für ein noch so vollkommenes Glastäfelchen doch nur ganz gering ist gegen den des fertigen Mikrometers. Die Dicke sollte nicht unter 1.5 Millimeter herabgehen, 2—3 mm sind eine sehr angenehme Stärke, die man für Object-Mikrometer festhalten sollte. Bei Ocular-Mikrometern mag es räthlich sein, sich zwischen 1.5 und 2.0 mm zu halten. Eins meiner schönsten Mikrometer von nur 0.64 mm Dicke ist entschieden viel zu dünn. Die Ocular-Mikrometer sind natürlich stets kreisförmig, die Object-Mikrometer sind rechteckig. Eine Breite von 20 mm bei einer Länge von 30 bis 60 mm schien mir am bequemsten.

Zum Schutze der Theilung (für den ein kräftiges, innen mit Sammt bezogenes Etui ausreichend scheint) findet man die Glasplatte manchmal in einen Messingring mit vorspringendem Rande gefasst, auch wohl gar mit einem Glasplättchen bedeckt. Abgesehen davon, dass das letztere unter Umständen noch zu einer bedenklichen Fehlerquelle werden kann, bin ich überhaupt gegen eine solche Einschliessung, wenn sie nicht zeitweise entfernt werden kann, denn ich werde im Folgenden Gelegenheit finden, zu zeigen, wie wichtig es ist, dass man 2 Mikrometer mit den getheilten Flächen unmittelbar aufeinander legen kann. Es versteht sich allerdings, dass dies letztere Manoeuvre nur dann ausgeführt werden darf, wenn beide Flächen vollkommen gereinigt sind. Leder und Leinwand, Pinsel und Hollundermark, alles ist unzulänglich, wenn die Reinigung eine absolute sein soll, wenn kein Theilchen, kleiner als der tausendste Theil eines Blutkügelchens, in der Tiefe eines Theilstriches stecken bleiben soll; eine so vollkommene Reinigungsmethode von unglaublicher Einfachheit habe ich aber vor kurzem gefunden: „Man begiesst das Mikrometer mit Collodium und zieht „das aufgetrocknete Häutchen ab.“ Ich wollte nämlich im vorigen Jahre die Versuche von Hodgson*) wiederholen, mikrometrische Theilungen durch Collodium-Abgüsse zu copiren. Es gelang mir damals nicht, obwohl ich es jetzt recht wohl verstehe; dagegen fiel mir die wunderbare Klarheit meines Mikrometers auf. Obschon ich nicht einsehe, wie man solche Versuche anstellen kann, ohne es zu bemerken, so waren doch alle Sachkenner, denen ich es mittheilte (unter denen ich nur Schieck und Prof. Harting selbst nennen will), höchst überrascht davon, weshalb ich die Sache hier nicht verschweigen wollte. Man giesst auf die bestaubte oder mit dem Finger angegriffene Glasplatte 5—8 Tropfen Collodium, so dass diese Flüssigkeit mehr als ein Millimeter hoch auf dem Glase steht. Sobald sich der Aether verflüchtigt, erscheint der Aufguss als dickliches, trübes Fell, nach 10—15 Minuten ist er aber zu einem papierdünnen Häutchen zusammengetrocknet, welches man mit einer feinen Federmesser- oder Nadel-Spitze am Rande ablöst, worauf es von selbst losspringt, oder leicht mit der Pincette abgezogen wird. Sollte ein Stückchen haften bleiben — wenn man zu früh abgezogen hat — so nimmt es ein zweiter Aufguss weg; bleibt es hartnäckig auf dem Glase festsitzen, so wird es durch ein Tröpfchen Aether sofort aufgelöst. Uebrigens wird Jeder gut thun, die ersten Proben dieses Verfahrens auf einer beliebigen, werthlosen Glasplatte auszuführen.

*) Hartings „Mikroskop“ pag. 886.

Ich wende mich nun zur Besprechung der Striche und zwar zunächst ihrer Länge. Haben sämmtliche Striche einerlei Länge und einerlei Stärke — wie ich solche Mikrometer mehrfach in Händen hatte — so erschwert dies das Zählen derselben ungemein, denn unser Auge braucht ganz nothwendig einen Anhalt, wenn es nicht bald nach dem 6. Striche in Verwirrung gerathen soll. Die passendste Anordnung der Längen ist die in Fig. 4 angegebene, welche auch bereits von vielen Mechanikern adoptirt worden ist. Grössere Länge und nicht grössere Dicke soll die Haupt-Striche auszeichnen; das Verwerfliche der letzteren Art wird sich bald genug herausstellen.

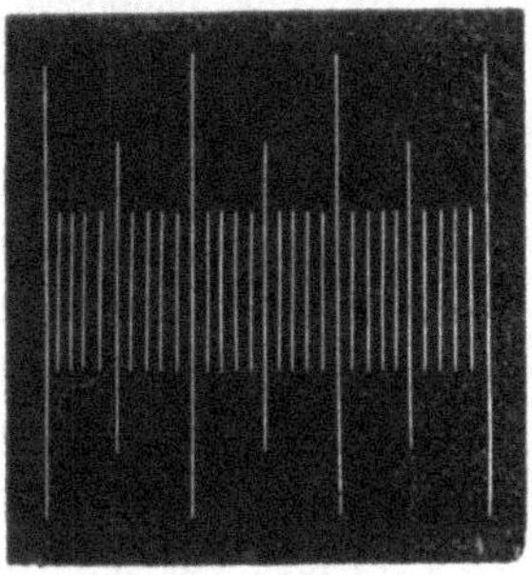

Fig. 4.

Was den Abstand der Striche betrifft, so ist für Ocular-Mikrometer eine Theilung von 6 Millimeter in 60 Theile zu empfehlen (5 mm in 50 Theile ist unbequemer, weil kein Zehnerstrich in die Mitte trifft); für Object-Mikrometer ist die passendste Theilung 1 Millimeter in 100 Theile.

Es ist so oft gesagt und wiederholt worden, dass und warum man immer und überall einzig und allein nach Millimetern messen soll, dass es nun wohl alle diejenigen begriffen haben, die dessen überhaupt fähig sind.

Die soeben empfohlene Theilung von 1 Millimeter in 100 Theile ist bei weitem noch nicht die feinste, die heutzutage geliefert werden kann, ich zweifele aber, dass eine feinere Theilung zu genaueren Messungen führen werde, und was von zweifelhaftem Nutzen ist, während es den Apparat complicirt oder die Kosten erhöht, ist als schädlich anzusehen.

Es bleibt noch übrig: die Breite der Striche zu besprechen. Da dieselben bestimmt sind, mathematische Linien zu repräsentiren, so müssen sie natürlich so schmal wie möglich sein. Die Striche des im Ocular liegenden Mikrometers soll man sehr leicht sehen, und da sie durch das Ocularglas nur etwa 6 bis höchstens 20mal vergrössert werden, so müssen sie schon ziemlich kräftig eingerissen werden, während die Striche der Object-Mikrometer selbst bei 500facher Vergrösserung noch nicht allzusehr den Charakter der Linien einbüssen dürfen. Ich habe durch vielfache Erfahrung gefunden, dass im Allgemeinen für Ocularmikrometer Striche von $^1/_{500}$ Millimeter Breite schon zu fein sind, so dass die Messungen zwar möglich, aber oft mühsam, waren. Striche von $^1/_{100}$ mm Breite zeigten sich als ganz unnöthig stark, so dass die Messungen dadurch leicht an Genauigkeit einbüssten. Objectmikrometer von $^1/_{800}$ mm Strichbreite fand ich unnöthig stark (selbst für schwache Vergrösserungen), $^1/_{1200}$ und $^1/_{1500}$ entsprechen dem Zwecke vortrefflich, $^1/_{2000}$ mm ist für viele Mikroskope schon zu fein. Es dürfte daher

für Ocular-Mikrometer 0.004—0.005 mm,
für Object-Mikrometer 0.0006—0.0008 mm

als Strichbreite zu empfehlen sein.

Sind die Striche von äusserster Feinheit und nicht sehr lang, so ist man oft lange Zeit mit dem Suchen derselben aufgehalten. Ich habe es höchst bequem gefunden, mit dem Diamanten rund um die Striche herum einen leicht sichtbaren Ring zu zeichnen. Man stellt das Mikroskop auf diesen scharf ein und findet alsdann innerhalb desselben die feine Theilung ausserordentlich schnell.

Halten sich die Striche innerhalb der soeben angegebenen Breitengränzen, so dürfen sie auch stets als Linien angesehen werden, wodurch natürlich die Bequemlichkeit der Messungen erheblich gewinnt; da die vorhandenen Mikrometer aber diese Bedingung durchaus nicht immer erfüllen, und da man auch wohl hin und wieder ein Ocularmikrometer als Objectmikrometer anwendet, so thut man gut, sich einiger Erscheinungen bewusst zu werden, welche mit der Breite und — mehr noch — mit der Tiefe der Striche zusammenhängen.

Diese Striche werden mittelst eines Diamanten in die Glasplatte eingerissen, und weil die Glaser dasselbe thun, so könnte man auf den Gedanken gerathen, ein Mikrometerstrich sei nichts, als ein höchst zarter Glaserstrich. Dies ist jedoch keineswegs der Fall. Beim Glaserstrich ist die in die Oberfläche des Glases eingerissene Furche nur Nebensache, die Hauptsache ist hier der vom Grunde der Furche aus tief in die Glasmasse eingetriebene Spalt, während beim Mikrometerstrich nur eine Furche gerissen werden soll, und der leider zuweilen gleichzeitig auftretende Spalt als ein Uebelstand anzusehen ist. Diese beiden Stricharten erfordern auch ganz verschieden geformte Diamantspitzen, und wenn es auch bekannt genug ist, dass die Glaserdiamanten ausserordentlich viel stumpfer sind, als die für Theilmaschinen verwandten Splitter, so legt doch die unsägliche Mühe, welche für beide Zwecke die Beschaffung eines guten Diamanten verursacht, das beste Zeugniss dafür ab, dass allgemein gültige Normalformen sich nicht angeben lassen.

Ich liess von einem der geschicktesten hiesigen Glaser eine Anzahl Striche auf einzelne Glasplatten ziehen, die ich erst von oben her mit dem Mikroskop betrachtete, dann aber von der Seite in der Richtung des Striches selbst, zu welchem Ende ich die Glasplatte an der geeigneten Stelle, senkrecht auf der Richtung des Striches, zerbrach. Es wurde dazu ein vorzüglich guter Diamant angewandt, der Jahre lang mit gleicher Sicherheit auf Spiegel- und Fensterglas gearbeitet und weder auf blauem Smalteglas noch auf Milchglas je einen Fehlschnitt gethan hat. Das Profil des Diamanten senkrecht auf die Richtung des Schnittes (seine Charakteristik) war ein Winkel von 122°, unten ein klein wenig gerundet.

Einen vom Glaser als besonders gelungen gelobten Strich stellt Fig. 5 in 20facher Vergrösserung dar. Seine zackige, schwarze Furche

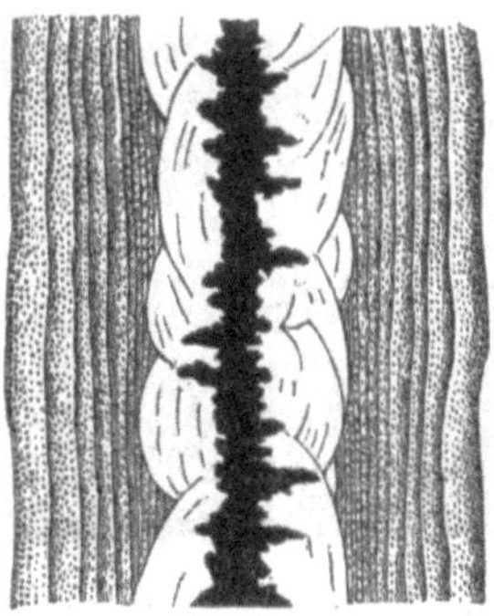

Fig. 5.

war von hellglänzenden Bögen begleitet, die ihrerseits nach aussen von einem System Newton'scher Farbenstreifen begränzt wurden.

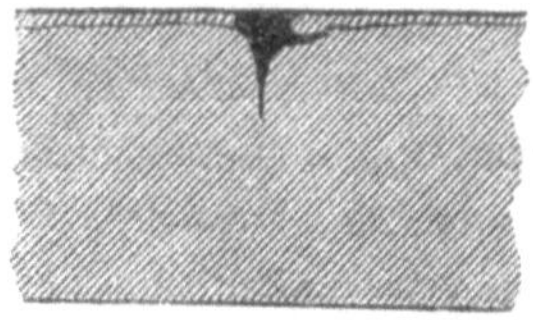

Fig. 6.

Fig. 6 zeigt das Profil des Striches und lässt ausser dem 0.4 mm tiefen Spalt noch die Sprünge erkennen, in denen die erwähnten Farben ihren Sitz hatten. Als Striche von geringerer Stärke (das heisst: mittelst geringeren Druckes) gezogen wurden, verschwanden zuerst die Farbenstreifen, dann die glänzenden Bögen, dann nahm die Breite der — nun glatten — Furche ab, während der Spalt fast allein übrig blieb. Es wurden nun zur Probe — immer mit demselben Diamanten — Striche von der alleräussersten Zartheit zwischen vorher bestimmt angegebenen Punkten gezogen, deren feinster — dem blossen Auge gänzlich unsichtbar — allenfalls als Objectmikrometer- Strich hätte gelten können; seine Breite schwankte zwischen 0.0011 und 0.0008 mm, seine Tiefe war (wie sich auf die sogleich zu beschreibende Weise herausstellte) nicht ganz constant, konnte aber nicht gemessen werden. Bei 225 facher Vergrösserung erschien dieser Schnitt als schmaler, schwarzer Strich, der beim Wenden des Spiegels (siehe pag. 4) selbst bei der schärfsten Einstellung nicht ganz zum Stillestehen gebracht werden konnte. Der Grund davon ist leicht einzusehen. Stellt man den Schnitt bei gerader Beleuchtung scharf ein, so muss er als schmaler, schwarzer Strich erscheinen, weil, wie Fig. 7 andeutet,

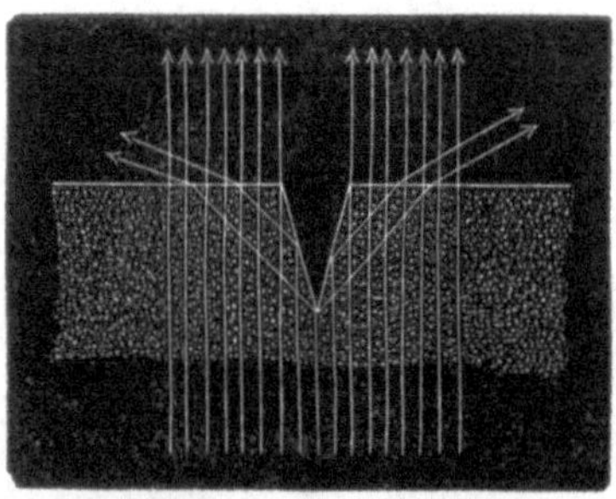

Fig. 7.

die wenigen auf ihn treffenden Lichtstrahlen durch totale Reflexion an seinen glatten Wänden seitwärts abgelenkt werden, weshalb nothwendigerweise dem Objectiv die Spur der — somit beseitigten — Strahlen als schwarzer Strich erscheinen muss. Bekommen die Lichtstrahlen durch Wenden des Spiegels eine mehr schiefe Richtung, so erscheint der Spalt als ein viel breiterer, schwarzer Streifen, weil nun — wie man aus Fig. 8 ersieht —

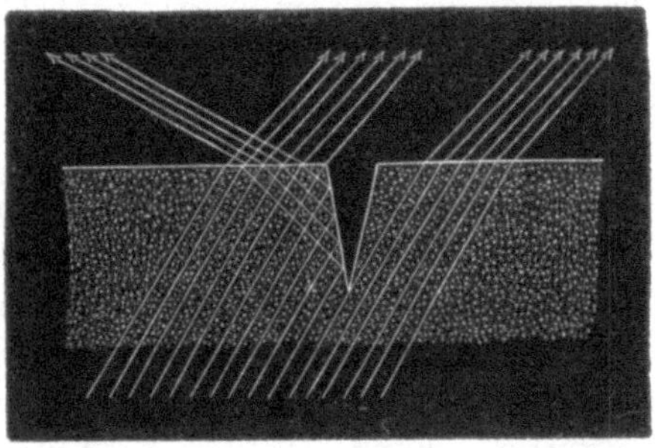

Fig. 8.

dem Objectiv durch die totale Reflexion ungleich mehr Strahlen entzogen werden. Wechselt man die Richtung der schief einfallenden Strahlen, so springt der schwarze Streifen auf die andere Seite des Spaltes. Hierin liegt der Grund, dass ein solcher Strich nicht zum Stillestehen gebracht werden kann. Dass dies bei einem Mikrometer, dessen Striche aus Furche und Spalt bestehen, zu einer Fehlerquelle wird, die man nur mit der äussersten Aufmerksamkeit umgehen kann, liegt auf der Hand, und da ich solche Mikrometer in Menge zu Gesichte bekommen habe, so habe ich diese Betrachtung nicht für überflüssig gehalten. Uebrigens findet ein solches Verschieben, resp. Umspringen, von Schattenbildern auch Statt, wo der Spalt ganz fehlt; hier tritt die totale Reflexion — oft in unerwarteter Art — an den mehr oder weniger abschüssigen Rändern der Furche auf, wie man an einigermaassen kräftig geschnittenen Ocularmikrometern sehr gut beobachten kann. Wendet man daher ein solches als Objectmikrometer an, so wird man der Beleuchtung eine besondere Sorgfalt widmen, indem man sie ganz constant (am besten centrisch) hält und stets den nämlichen Rand der Striche, etwa immer den linken, wählt. Man muss ferner auf die oberen Ränder und nicht auf die Tiefe der Furche einstellen, worauf man bei kräftigen Strichen und sehr starken Objectivsystemen genau zu achten hat.

Häufig wird man hier Vortheil aus einem Umstand ziehen können, der sonst zu tadeln ist, dass nämlich sehr starke Schnitte oft aus einem Schwarm von Strichen bestehen, so zeigt Fig. 9

Fig. 9.

einen Ocularmikrometer-Strich bei 500facher Vergrösserung. In solchen Fälllen findet man immer einen hinlänglich feinen (hier nahm ich natürlich den zweiten von links her), den man mit ausreichender Sicherheit einstellen kann, nur muss man sich natürlich vorher überzeugen, dass sämmtliche Schwärme übereinstimmen.

Ehe ich die Besprechung der Natur des Striches verlasse, will ich noch eine hieher gehörige Bemerkung einschalten. Als wir nämlich vor kurzem über Feinheit der Theilstriche sprachen, klagte Schieck darüber, dass sich die Striche manchmal von selbst in die Tiefe verbreiten. Ein tadellos angefertigtes Mikrometer war am folgenden Morgen total unbrauchbar geworden, indem sich tiefe Spalten vom Grunde der Furchen aus in die Glasmasse erstreckten, dem blossen Auge als glänzende Linien sichtbar. Offenbar herrschte hier im Glase eine Spannung, deren Extrem wir von den Bologneser Flaschen her kennen. Vielleicht liesse sich diese Spannung noch vor dem Einschneiden der Theilung aus der Glasplatte entfernen, wenn man die letztere erhitzte und langsam verkühlen liesse, was in der Luft oder im Wasser oder, vielleicht noch besser, (wegen Vermeidung der Oxydation) in Steinöl geschehen könnte. Als ich den schon erwähnten Glaser fragte, ob er eine entsprechende Erfahrung gemacht habe, theilte er mir eine solche von völlig entgegengesetzter Natur mit, nach welcher der tiefe, glänzende Spalt eines wohlgelungenen Schnittes manchmal nach Verlauf einiger Stunden verschwinde, indem die durch den Spalt getrennten Glasmassen sich wieder an einander anschliessen und so fest wie vorher cohäriren, analog dem, was wir bei Kaoutschouk oder Blei zu beobachten Gelegenheit haben. Man sieht, wie sehr wir hier ein Spiel molecularer Verhältnisse sind; wie wenig wir aber dieselben durch die Theorie zu beherrschen vermögen, geht daraus hervor, dass wir trotz unseren Kenntnissen von der Elasticitätsgränze und den Modulis der Elasticität und Festigkeit u. s. w.*) nicht im Stande sind, präcis die Vorgänge einzeln zu nennen oder gar zu berechnen, welche stattfinden, wenn ein

*) J. Weisbach, Lehrbuch der Ingenieur- & Maschinen-Mechanik, 3. Aufl., 1. Theil, theoretische Mechanik, pag. 235.

Körper in einen andern eine Furche schneidet, oder eine Definition von „Härte" aufzustellen. Könnten wir dies, so würden wir durch Experimente numerisch das genaue Verhältniss feststellen können, in welchem zum Beispiel die Härte des Diamanten zu der des Glases steht (denn die Ziffern der Mohs'schen Skala*) sind natürlich keine solchen Bestimmungen); und dies ist bekanntlich noch nicht möglich. —

Wenn das Bisherige dazu dienen sollte, die Punkte hervorzuheben, auf welche man besonders zu achten hat, um die bei der scharfen Einstellung der Striche naheliegenden Fehler zu vermeiden, so haben wir es im Folgenden mit den Fehlern zu thun, welche aus unrichtigen Abständen der Striche auf der Glasplatte entstehen.

Die Striche sollen ein System paralleler Linien von gleichem Abstande darstellen, sie sollen also nicht auf Kreistheilmaschinen gezogen werden, wie dies in einzelnen Fällen nachweislich geschehen ist, und was namentlich dann zu Irrthümern Anlass giebt, wenn der Besitzer des Mikrometers dies nicht weiss und, und daher vielleicht zusammengehörige Messungen an entgegengesetzten Enden der Striche anstellt. Sind die Striche 1 Millimeter lang (sie sind aber häufig noch länger), und betrug der Abstand des Diamanten vom Centrum ½ Meter (die Kreistheilmaschinen arbeiten aber meist mit weit kürzerem Radius), so verhalten sich die Intervalle an den entgegengesetzten Enden der Striche, wie 500 : 501. Die dadurch herbeigeführten Fehler von also mindestens ⅕ Procent, meistentheils aber mehr, sind zwar allerdings noch lange nicht die grössten bei Mikrometermessungen vorkommenden, allein man soll eine solche — schon merkbar influirende — Fehlerquelle nicht unnöthigerweise zu den leider schon bestehenden hinzufügen. Hier drängt sich uns zum ersten Male die Frage auf: „Wie genau sind denn eigentlich unsere Mikrometer-Messungen?

In den Certificaten, welche den gesetzlich anerkannten Copien eines Normal-Etalon (z. B. der Toise) beigegeben werden, werden in der Regel Tausendstel der Linie verbürgt, und da die Toise 864 Linien enthält, so erstreckt sich diese Bürgschaft bis unterhalb eines 8000stel Procent. Hier haben wir also eine theoretische

*) C. F. Naumann, Elemente der Mineralogie, 2. Aufl., pag. 107.

Gränze, deren Ueberschreitung a priori unmöglich ist, weil es Unsinn wäre, die Grösse eines Gegenstandes genauer bestimmen zu wollen, als die Grösse des Etalon bekannt ist. Unsere Mesungen haben indessen eine praktische Gränze, welche hinter jener theoretischen ausserordentlich weit zurückbleibt. Zuvörderst ist es, schon um den Einflüssen der Wölbung zu entgehen, nicht rathsam, den Gegenstand stärker zu vergrössern, als dass die zu messende Länge unter einem Winkel von 10° (ca. 1/3 oder 1/4 Durchmesser des Gesichtsfeldes) erscheint, dann aber ist es sicher, dass wir diese Länge nicht bis auf Eine Bogenminute sicher messen können, was einleuchtet, wenn man bedenkt, dass dies etwa die Grösse eines menschlichen Blutkügelchens bei 10 facher Vergrösserung ist, also der 50ste Theil eines solchen, bei 500facher Vergrösserung gesehenen. Daraus folgte eine Genauigkeitsgrenze, die im günstigsten Falle 1/6 Procent betragen kann, und so gross etwa ist in der That der wahrscheinliche Fehler der einzelnen Messung beim Ocular-Schraubenmikrometer. Bei den übrigen Methoden (Bildmikroskop, Sömmering's Spiegel, Doppeltsehen u. s. w.) sind die Fehler — selbst bei gewandten und geübten Beobachtern — viel grösser und liegen, je nach der Grösse des Gegenstandes und der angewandten Vergrösserung, zwischen 1/3 Procent und 2 Procent*). Durch Mittelwerthe aus vielen Messungen lässt sich die Genauigkeit allerdings noch etwas vermehren, allein wohl ganz gewiss nie bis über 1/10 Procent hinaus; und die mit dem — hier namentlich in Frage kommenden — Ocular-Glasmikrometer unter günstigen Umständen erzielte Genauigkeit liegt thatsächlich zwischen 1/5 und 1/8 Procent.

Man ersieht hieraus mit Beruhigung, dass die Zeit noch nicht gekommen ist, in der man die Temperatur der Glasmikrometer in Rechnung bringen müsste, und dass die erreichbare Genauigkeit nur eine sehr mässige ist. Und diesen mässigen Grad der Genauigkeit werden wir ja doch wohl bei einem mit Sorgfalt gefertigten Mikrometer getrost voraussetzen dürfen? Mit nichten! Auf 2 bis 3, ja bis 5 Procent steigen die Fehler bei den besten Mikrometern, ja bei einem mit viel Sorgfalt getheilten Object - Mikrometer, von dem ich bald sehr ausführlich sprechen werde, verhalten sich an

*) Harting's „Mikroskop," pag. 513—520 und pag. 897.

einer Stelle zwei aufeinander folgende Intervalle wie 5 : 6, so dass hier ein sorgloser Beobachter Fehler von 20 Procent begehen kann!

Die Mechaniker kennen den Grund dieser Fehler gut genug, und einige haben mit grossem Scharfsinn Vorrichtungen ausgedacht, durch welche ihr Auftreten gehindert oder beschränkt werden soll. Es scheint mir nun durchaus nothwendig, an dieser Stelle ein Paar Worte über die Theilmaschine zu sprechen.

Bekanntlich besteht dieselbe aus einer festen, schweren Bodenplatte, über welcher in 2 Lagern*) eine 50—150 mm lange, höchst sorgfältig gearbeitete Schraubenspindel liegt, so dass diese letztere nur eine Bewegung um ihre Achse zulässt, zu welchem Zwecke sie am einen Ende, ausserhalb der Lager, einen Kopf hat. Neben demselben trägt sie noch eine Scheibe — die Trommel, — welche gewöhnlich in 100 Theile getheilt ist uud sich dicht an einem festehenden Indexstrich (manchmal an einem, ziemlich überflüssigen, Nonius) vorbeibewegt. Ein durchbohrtes Metallstück — die Mutter — umschliesst an einer Stelle die Spindel, deren positives Gewinde sie negativ enthält, und ist an einer Metallplatte — dem Schlitten — befestigt, die demnach durch die Umdrehung der Schraube, sich selbst parallel, verschoben wird. Auf sie bringt man die zu theilende Glasplatte, während die Vorrichtung, welche den Diamanten führt — das Reisszeug oder das Reisserwerk — an der festen Bodenplatte befestigt ist, und am besten durch einen Excenter in Bewegung gesetzt wird.

Offenbar muss man sich der Voraussetzung überlassen, dass bei gleichen (auf der Trommel abgelesenen) Drehungsgrössen der Schraube auch der Schlitten stets um gleiche Längen verschoben werde.

Dies ist aber nicht der Fall, und dass es nicht der Fall ist, beruht auf einer ganzen Reihe von Ursachen, von denen ich nur 3 hervorheben will, die sich bei übrigens sauber gearbeiteten Theilmaschinen am meisten geltend machen. Erstens kann die Theilung auf der Trommel unrichtig sein, und zwar entweder geradezu feh-

*) Häufig liegt die Spindel nur in Einem festen Lager, indem die Mutter das andere Lager bildet.

lerhaft, oder nur excentrisch angebracht. In beiden Fällen ist die Trommelablesung kein genaues Maas für den Drehusgswinkel der Spindel. Dieser Punkt scheint keiner weiteren Besprechnung zu bedürfen; im Nothfalle steht hier der vom Astronomen längst betretene Weg*) offen.

Dann aber hat die Schraube wohl stets den sogenannten „todten Gang," indem die Spindel in der Mutter soviel Spielraum hat, dass man estere um einen gewissen, kleinen Winkel hin und herdrehen kann, ohne dass der Schlitten dadurch verschoben wird. Dieser Umstand wird dadurch zu einer Fehlerquelle, dass der Mechaniker beim genauen Einstellen der Trommel auf den betreffenden Theilstrich im letzten Augenblick manchmal in der einen, manchmal in der andern Richtung gedreht haben wird. Man hat diesen Uebelstand dadurch zu heben gesucht, dass man den Kopf nicht mit der Hand, sondern mit einer Schraube ohne Ende — äusserst sanft — umdreht, wodurch es möglich wird, immer von derselben Seite her, und doch mit grosser Genauigkeit, einzustellen. Diese Vorrichtung verdient sicherlich den Vorzug vor der andern, die aber gebräuchlicher ist, weil sie für geringere Kosten herzustellen ist, bei welcher die Mutter durch eine Feder gegen die Gänge der Spindel gedrängt wird.

Ein fernerer Fehler der Schrauben ist der „Schwindel" wofür übrigens fast jeder Mechaniker einen anderen Namen hat; ich meine den Umstand, dass selbst ohne Einwirkung des todten Ganges und bei fehlerfreier Eintheilung der Trommel, doch gleichen Drehungen der Spindel nicht gleiche Verschiebungen des Schlittens entsprechen, weil zwar die Gänge der Spindel alle von gleicher Höhe sind, innerhalb eines jeden Ganges aber die Steigung veränderlich ist. In diesem Falle wird der Schlitten bei constanter Umdrehungsgeschwindigkeit der Schraube eine ungleichförmige Geschwindigkeit haben, wobei die Abweichungen eine Periode befolgen, welche der Ganghöhe der Schraube gleich ist.

Es würde mich zu weit von meinem Wege abbringen, wollte ich die Entstehungsart dieses Fehlers näher besprechen, oder mich

---

*) Brünnow, sphärische Astronomie, pag. 438 — 450.

auf die verschiedenen Arten einlassen, auf welche Schrauben gefertigt werden, unter denen das Schneiden mit dem Support und das mit der Kluppe besonders hervorzuheben ist; nur das will ich anführen, dass ein sehr geschickter Arbeiter einer mit Support oder Kluppe sorgfältig vorgeschnittenen Schraube mittelst des Fig. 10

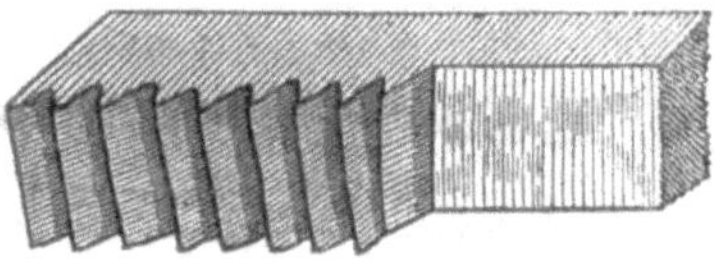

Fig. 10.

dargestellten Gewindestahl's einen wunderbaren Grad der Exactheit zu geben vermag, so dass die Grösse des Schwindels noch nicht $\frac{1}{5}$ Procent der Ganghöhe beträgt.

Man hat auf verschiedene Weise diesem Schwindel entgegengearbeitet, am wirksamsten wohl durch die Differentialschraube. Hier trägt die Spindel hintereinander 2 Schraubengewinde, deren Ganghöhe nur sehr wenig verschieden ist, und deren jede ihren eigenen Schlitten verschiebt. Ist nun die Ganghöhe der einen Schraube g, die der anderen h, so wird sich der Abstand der beiden Schlitten bei einer vollen Umdrehung der Spindel um (g—h) ändern. Ein Schlitten trägt die Glasplatte, der andere das Reisszeug, und es wird stets möglich sein, g und h so einzurichten, dass (g—h) gerade den gewünschten Abstand der Theilstriche ausmacht. Da man es hier also immer nur mit vollen Umdrehungen der Schraube zu thun hat, so kann der Schwindel begreiflicher Weise gar nicht zur Wirksamkeit kommen. Andere Mechaniker haben die Mutter aufgeschlitzt und damit einen Weg betreten, den später Nobert*) verfolgt hat, indem er als Mutter zwei Backen, genau wie die in der Kluppe gebrauchten, anwandte, welche er — nach Art der Cardanischen Suspension — mit 2 um Spitzen drehbaren Stahlrahmen umgab. Dass die Nobert'sche Mutter, trotz der am soeben citirten Orte gegebenen, ausführlichen Beschreibung, so wenig be-

*) Pogg. Ann. Band 61, pag. 129 — 134. Abbildungen auf Tafel II.

kannt und fast gar nicht in Anwendung gebracht ist, ist ebenso beklagenswerth, wie unbegreiflich, wenn man die von dem genannten grossen Künstler erzielten, von der ganzen gebildeten Welt angestaunten Erfolge bedenkt. Allerdings enthält die citirte Beschreibung auch ein Paar dunkle Stellen. Zum Beispiel ist nicht recht ersichtlich, wie sich die Stahlrahmen eigentlich überhaupt bewegen können. Die Beschreibung sowohl, als auch die beigegebene Abbildung zeigen nämlich ganz klar, dass die Achse der Schraubenspindel stets sowohl durch das unverrückliche Centrum der ausgeschliffenen Hohlkugel (am angegebenen Orte Fig. 2, m) als auch durch das Centrum des äusseren Rahmens (Fig. 1, *e*) gehen muss, welches letztere nur in der Richtung der Achse verschiebbar ist. Hat nun auch die Spindel kein zweites festes Lager, so scheint ihre Achse doch schon hierdurch unverrücklich festgehalten zu sein, in welchem Falle dann die Rahmen gleichfalls stille stehen müssten.

Da die Fehler, welche durch Excentricität der Trommel, und die, welche durch Schwindel der Schraube erzeugt werden, auf sehr nahe übereinstimmende Formen gebracht werden können, so halte ich es für äusserst zweckmässig, eine Einrichtung anzubringen, durch die man (mittelst zweier senkrecht aufeinander stehender Schrauben) die excentrische Stellung der Trommel beliebig verändern kann. Alsdann wird es möglich sein, die Trommel genau so weit excentrisch zu rücken, dass die hierdurch hervorgerufenen Fehler gerade die Fehler des Schwindels compensiren, Welche Beobachtungen dazu anzustellen, und welche Berechnungen auf die letzteren zu gründen sind, wird derjenige zu ermitteln haben, der die erste der pag. 1 genannten Fragen beantwortet.

Thatsache ist also jedenfalls, dass in Folge der genannten Mängel der Theilmaschinen unsere Mikrometer mit Fehlern behaftet sind, die wir nothwendigerweise erforschen müssen. Als Beispiel möge hier die Beschreibung eines Mikrometer folgen, auf dem 2 Millimeter in 20 Theile getheilt sind. Ich erhielt dasselbe 1851 von Herrn Mechanicus Ausfeld zu Gotha, und war ich von der Genauigkeit desselben um so mehr im Voraus versichert, als ein 1849 von demselben Künstler auf derselben Theilmaschine für mich gefertigtes Mikrometer, auf dem 1 Pariser Zoll in 100 Theile getheilt war, einen selten erreichten Grad der Genauigkeit hatte. Mit Staunen nahm ich später wahr, dass die Theilung nichts weniger als regelmässig sei, indem an einer Stelle 2 aufeinander folgende Intervalle sich zu einander verhielten, wie 5 : 6. Eine im vorigen Jahre angestellte Untersuchung ergab Folgendes:

Nach einer Skala, die auf 1 Millimeter 13738 Einheiten enthält, fand ich die 20 Intervalle von dieser Länge:

1	1400	11	1278
2	1422	12	1445
3	1250	13	1395
4	1518	14	1236
5	1320	15	1508
6	1300	16	1318
7	1508	17	1338
8	1270	18	1486
9	1400	19	1265
10	1445	20	1458

Obwohl sämmtliche Mängel der Theilmaschine zusammengewirkt haben werden, und hierdurch nothwendig die Reinheit der Perioden getrübt wird, so zeigen diese Zahlen doch unleugbar einen Hang sowohl zu einer 8 gliedrigen, als auch zu einer 11 gliedrigen Periode. Die Intervalle sind nämlich:

nach 8 Gliedern geordnet,			nach 11 Gliedern,	
(1—8)	(9—16)	(17—20)	(1—11)	(12—20)
1400	1400	1338	1400	1445
1422	1445	1486	1422	1395
1250	1278	1265	1250	1236
1518	1445	1458	1518	1508
1320	1395	—	1320	1318
1300	1236	—	1300	1338
1508	1508	—	1508	1486
1270	1318	—	1270	1265
			1400	1458
			1445	—
			1278	—

Es bedarf in der That nur geringer Aufmerksamkeit, um die Aehnlichkeit der auf gleicher Horizontalreihe stehenden Zahlen zu bemerken.

Nun sind aber 8 und 11 Glieder — das heisst 0.8 und 1.1 Millimeter — resp. 2.955 und 4.064 Hundertstel Pariser Zoll, welche letzteren Zahlen sehr nahe gleich 3 und 4 sind. Liegt somit der Hundertste Theil des Pariser Zolles den Perioden der Intervalle zum Grunde, so wird es wahrscheinlich, dass die Schraube der angewandten Theilmaschine diese Ganghöhe habe (sie hat dieselbe — nebenbei gesagt — in der That), wodurch denn auch die grosse Genauigkeit des genannten Mikrometers von 1849 erklärlich wird. Wären hier mehr als 2 Millimeter getheilt, so würde noch etwas schärfer eine 19gliedrige Periode hervortreten, weil 1.9 m m = 7.019 Hundertsteln eines Pariser Zolles ist. Danach habe ich folgende Tafel berechnet:

A	*B*	*C*	*D*	*E*	*F*	*G*
0	0.000	1400	0	0	+ 0	+ 0
1	0.369	1422	1400	1374	+ 26	+ 19
2	0.739	1250	2822	2748	+ 74	+ 54
3	0.108	1518	4072	4121	− 49	− 36
4	1.478	1320	5590	5495	+ 95	+ 70
5	1.847	1300	6910	6869	+ 41	+ 30
6	2.216	1508	8210	8243	− 33	− 24
7	2.586	1270	9718	9617	+ 101	+ 74
8	2.955	1400	10988	10991	− 3	− 2
9	3.325	1445	12388	12364	+ 24	+ 18
10	3.694	1278	13833	13738	+ 95	+ 70
11	4.064	1445	15111	15112	− 1	− 1
12	4.433	1395	16556	16486	+ 70	+ 51
13	4.802	1236	17951	17860	+ 91	+ 67
14	5.172	1508	19187	19233	− 46	− 33
15	5.541	1318	20695	20607	+ 88	+ 64
16	5.911	1338	22013	21981	+ 32	+ 23
17	6.280	1486	23351	23355	− 4	− 3
18	6.649	1265	24837	24729	+ 108	+ 79
19	7.019	1458	26102	26102	+ 0	+ 0
20	7.388		27560	27476	+ 84	+ 61

A enthält die Nummer des Striches; für spätere Messungen ist dabei der Ort des 0ten auf der Glasplatte bleibend bezeichnet.

B nennt die Anzahl der Schraubenumgänge (à 1/100 Pariser Zoll) seit dem 0ten Striche.

C giebt die Grösse der Intervalle an (vergl. pag. 23).

D ist der Abstand des betreffenden Striches vom 0ten, jedes *D* ist also die Summe aller bisherigen *C*.

E ist die Grösse, die *D* haben sollte, wenn die Theilung regelmässig wäre. Man erhält jedes *E* durch Multiplication des betreffenden *A* mit 1373.8.

F zeigt die Werthe (*D*—*E*) in Skalentheilen an, und

G giebt dieselben in Einheiten der vierten Decimale des Millimeters, also das, was man zum Nennwerth der Distanz der Striche vom 0ten zuzulegen hat, um den wahren zu erhalten. Man erhält *G* durch Division von *F* durch 1.3738.

Die Summe der ersten 4 Intervalle ist demnach 0.4 mm + 0.070 mm also = 0.4070 mm.

In der von Fig. 11 gegebenen, graphischen Darstellung, welche

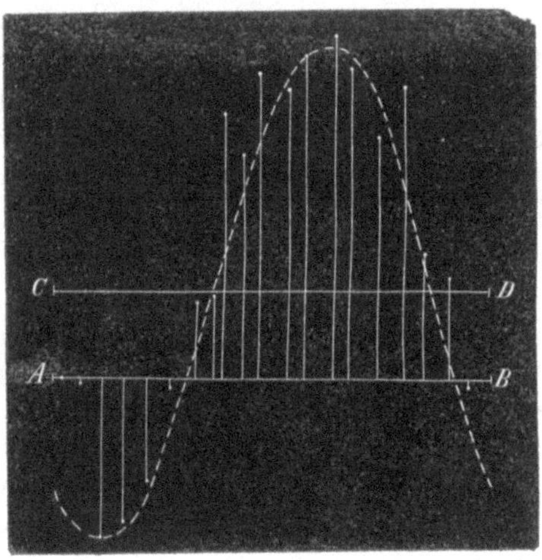

Fig. 11.

den Zusammenhang der Werthe B und G versinnlichen soll, sind die Brüche der Werthe von B von A aus auf AB als Abscissen (x) aufgetragen, die Ordinaten (y) werden von den 500fach vergrösserten Correctionen (G) gebildet. Die gestrichelte Curve schlängelt sich so gut wie möglich zwischen den Endpunkten der Ordinaten hindurch. Sie ist eine Sinusoide, und die gerade Linie CD ist ihre Achse. In Bezug auf AB ist ihre Gleichung:

$$y = 0.00554 \text{ mm} \times \sin (x - 0.365).360^0 + 0.00198 \text{ mm}.$$

Diese Formel enthält die Natur der Schraube (inclusive Trommel-Excentricität) der Ausfeldschen Theilmaschine in sich, und wer die erste der Eingangs (pag. 1) gestellten Fragen beantworten will, kann mit Hülfe dieser Formel die Einstellungen berechnen, die man auf der genannten Theilmaschine machen muss, um ein möglichst fehlerfreies Mikrometer zu fertigen.

Es ist klar, dass man mit Hülfe der pag. 24 gegebenen Tafel mit dem fehlerhaften Mikrometer fehlerfreie Messungen ausführen kann. Die Aufgabe ist also gelöst, und ich habe nur noch hinzuzufügen, auf welche Art man die Grösse der Intervalle mit möglichster Genauigkeit ermittelt.

Ohne mich auf eine Reihe von Kunstgriffen einzulassen, auf welche die Beobachter, welche sie zu benutzen verstehen, von selbst gerathen, will ich nur 3 Arten hervorheben: Das Ocular-Glasmikrometer, das Doppeltsehen und die Camera lucida, unter welehem letzteren Namen ich auch den Sömmering'schen Spiegel, Amici's Prisma u. s. w. einschliesse. Das Ocular-Schraubenmikrometer ist — seines hohen Preises wegen — nicht so verbreitet, dass ich dasselbe als allen Beobachtern zugänglich annehmen dürfte.

Hat man ausser dem zu prüfenden Mikrometer, welches auf den Objecttisch kommt, noch ein Ocular-Mikrometer, so wird man mit demselben, unter Beachtung alles Gesagten, die Intervalle messen und zwar bei verschiedenen Objectivsystemen, einzeln und gruppenweise. Man wird dann sicher darauf rechnen dürfen, den überhaupt möglichen Grad der Genauigkeit (1/3 — 1/8 Procent) zu erreichen, wie ich denn auch zur Ermittelung der pag. 23 gegebenen Werthe diesem Wege den Vorzug gegeben habe.

Das Doppeltsehen erfordert ungewöhnliche Uebung, um auch

nur eine mässige Genauigkeit zu bieten. Nimmt man an, das Auge sei 300 mm vom Papier entfernt, auf dem man die Striche angiebt, oder an das man den Zirkel legt, und verlangt man ¼ Procent Sicherheit, so muss die genannte Entfernung während der ganzen Versuchsreihe (vielleicht ½ Stunde) bis auf ¾ mm constant bleiben. Dann aber ist es eine unerlässliche Bedingung, dass die eigentlich zu messende Länge immer genau auf den Beobachter zu gerichtet sei; ist also der Abstand paralleler Linien zu messen, so müssen diese Linien parallel laufen mit der Verbindungslinie beider Augen des Beobachters, weil in diesem Fall die unausgesetzten Aenderungen der Convergenz der Augenachsen ohne Einfluss sind. Dass das Papier ganz glatt liegen und der Bleistift sehr spitz sein muss, ist klar, man muss die Striche so nahe wie möglich an der Mitte des Gesichtsfeldes zeichnen, und zwar durch je zwei feine, parallele Linien, die den Strich genau einschliessen. Auf diesem Weg kommt man wohl auch zum Ziel, und ein gewandter Beobachter kann einem Mittelwerthe wohl jedenfalls eine Sicherheit von ¼ Procent geben.

Die Camera lucida dürfte an Genauigkeit zwischen diesen beiden Methoden stehen. Sie ist nicht in den Händen aller Mikroskopiker, woran einerseits ihr nicht eben niedriger Preis Schuld sein mag, andrerseits aber sicherlich eine gewisse Umständlichkeit, die mit dem Gebrauch des Instruments verknüpft ist. In der That: Bald muss man die reflectirende Fläche genau vor die halbe Pupille bringen, wenn man überhaupt irgend etwas sehen will, bald kann man nicht ängstlich genug das Verhältniss treffen, in dem die Beleuchtung des Papiers zu der des Gesichtsfeldes stehen muss, oder man ist gestört durch das Auftreten reflectirter Bilder benachbarter Gegenstände, oder man muss auf einer verticalen Fläche zeichnen, was höchst ermüdend ist und ein eigenes Pult nothwendig macht, oder man sieht die Zeichnung spiegelverkehrt und fährt mit dem Bleistift fortwährend nach der verkehrten Richtung. Ich war daher angenehm überrascht, als mir im vorigen Jahr Herr Dr. Verloren zu Utrecht eine Camera lucida (von Nobert erfunden, von Nachet verbessert) zeigte, welche von allen diesen Mängeln völlig frei ist. Durch die Gefälligkeit des Herrn Prof. Harting, ebendaselbst, hatte ich unmittelbar darauf Gelegenheit, eine Copie derselben näher kennen zu lernen. Ihr optischer Theil*) besteht, wie Fig. 12 andeutet, aus einer dünnen Glasplatte, die unter einem

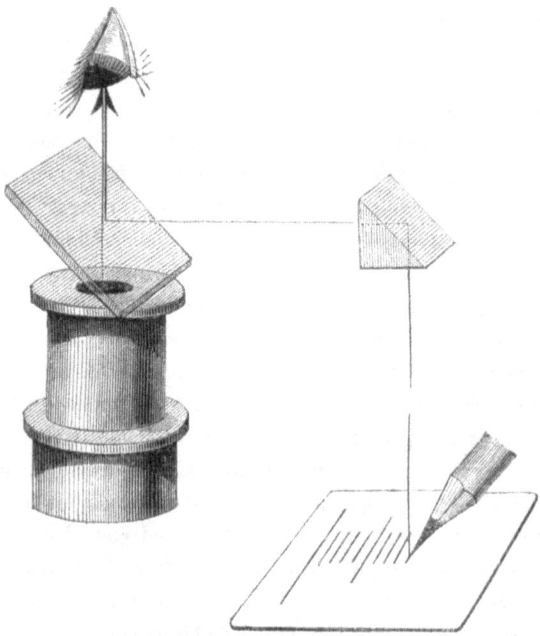

Fig. 12.

Winkel von 45° gegen die Mikroskopachse geneigt ist und genau über dem Ocular befestigt wird, und welcher die von der Bleistiftspitze ausgehenden Lichtstrahlen durch ein kleines Prisma (total reflectirt) zugesandt werden. Das Reflexionsprisma wird durch einen Messingrahmen mit der dünnen Platte verbunden und steht 40—60 mm rechts von ihr. Man übersieht die Wirkungsart dieses Instruments leicht und bemerkt, dass das Bild des Bleistifts 2mal gespiegelt wird, und also wieder richtig erscheint.

Da dies Instrument nun meinen Wünschen vollkommen entsprach, so wollte ich mir hier ein solches anfertigen lassen, und um dem Mechaniker einen Begriff von dem zu geben, worauf es an-

*) Harting's „Mikroskop" pag. 175 und 902.

komme, fertigte ich ein Modell desselben, wobei ich das Prisma durch einen guten Glasspiegel*) ersetzte und als Glasplatte ein für mikroskopische Präparate bestimmtes Deckgläschen nahm; Holz und Gummi arabicum versahen den Rest. Und dieses Modell, das in ein Paar Minuten zu einem unangebbaren Preise von jedem Laien gefertigt werden kann, leistet so absolut genau denselben Dienst, wie das schöne Original von Nachet, dass ich mich stets nur dieses Modells bediene. Das schönste Lob, welches dem Instrument werden kann, ist das freudige Staunen anerkannter Nicht-Zeichner über die accurate und saubere Zeichnung, von der sie kaum zu glauben wagen, dass sie selbst dieselbe so ganz ohne Mühe in ein Paar Augenblicken angefertigt haben.

Wem also ein zweites Mikrometer und die zum Doppeltsehen nöthige Uebung fehlen, dem rathe ich angelegentlich, sich ein Modell der beschriebenen Camera lucida zu machen, mit dem man recht gut eine Sicherheit von $\frac{1}{4}$—$\frac{1}{6}$ Procent erreichen kann, wenn man wieder nur die Mitte des Gesichtsfeldes benutzt, und — wie oben angegeben — die Mikrometerstriche in 2 feine Bleistiftlinien fasst.

Auf dem einen oder dem andern Wege dürfte das Messen der Intervalle — und somit die Herstellung einer Correctionstafel (pag. 24) — für jeden Beobachter ausführbar sein, womit denn auch dieser Theil der Aufgabe als gelöst anzusehen wäre.

Leider stehen wir aber hiermit noch nicht am Ziel. Denn durch die pünktlichste Befolgung alles Gesagten erlangen wir nichts als dass unsere Zahlenangaben innerhalb der besprochenen Grenzen der Genauigkeit das Grössenverhältniss des gemessenen Objects zur Länge des Objectmikrometers richtig angeben, welches bei Ermittelung unserer Skaleneinheit (z. B. des Intervall-Werthes eines Ocular-Mikrometers) als Etalon gedient hat. Eine Vergleichung vieler Glasmikrometer unter einander (ausgeführt durch directes Aufeinanderlegen der getheilten Flächen nach vorgängiger Reinigung derselben — pag. 10 —) wird aber Jedem, der dazu Gelegenheit hat,

*) Der Glasspiegel bewirkt keine störende Rand-Verdoppelung, da das von der Aussenfläche reflectirte Bild zu lichtschwach ist; die Glasplatte thut es aber, weshalb man sie sehr dünn (0.08 — 0.12 mm) oder sehr dick (5 — 8 mm) wählt.

zeigen, wie selten zwei in verschiedenen Werkstätten gefertigte Mikrometer übereinstimmen, und wie bedeutend oft die hierbei an den Tag kommenden Abweichungen sind. Ohne mich bei Mikrometern aufzuhalten, die dem Kenner sogleich ihren Ursprung aus untergeordneten Werkstätten verrathen, will ich hier nur die beiden schönsten mir bis jetzt zu Gesicht gekommenen Mikrometer anführen. Das eine derselben ist im Besitz der hiesigen königlichen Sternwarte und ist von Fraunhofer geschnitten, während das andere, noch ungleich zarter getheilte (Strichbreite = 0.0006 mm), im vorigen Jahr von Herrn Wappenhans (hierselbst, Besselstrasse 18) für mich angefertigt ist Beide theilen angeblich 1 Millimeter in 100 Intervalle, beim Aufeinanderlegen fand sich aber, dass 100 Theile Wappenhans = 95 Theile Fraunhofer sind.

Zur vollständigen Prüfung eines Mikrometers ist also noch nöthig, die absolute Grösse der auf ihm getheilten Länge zu ermitteln, und wenn diese Ermittelung genau sein soll, so bietet sie erhebliche Schwierigkeiten dar, welche hier von zwei ganz verschiedenen Seiten her zusammentreffen.

Erstens ist es oft mit grosser Mühe verknüpft, sich einen wirklich genauen Etalon zugänglich zu machen; auch kann man aus den beigegebenen Certificaten — wo solche überhaupt vorhanden — nicht immer deutlich ersehen, wie aus dem Etalon das Normalmaass ohne Zweideutigkeit entnommen werden kann. Häufig gesellt sich hierzu noch ungenügende Kenntniss des Historischen über die gesetzlichen Bestimmungen.

Zweitens aber können die kleinen, auf Mikrometern getheilten, Längen nicht direct durch die grossen Etalons gemessen werden; die erforderlichen Umwege aber bedingen entweder grössere Hülfsmittel, als sich in Jedermanns Bereich finden, oder sie haben ein Heer von Fehlerquellen im Gefolge.

Da für unsere Zwecke die meisten Etalons hinreichend genau sind, so ist die zweite Schwierigkeit bei weiten die grössere. Indem ich mich nunmehr zu einer gesonderten Betrachtung dieser beiden Punkte wende, werde ich zunächst dasjenige in der Kürze zusammenstellen, dessen Kenntniss ich für jeden mit absoluten Messungen beschäftigten Beobachter für nöthig halte.

Das älteste uns interessirende Maass ist das Yard. Ob dasselbe wirklich die Armlänge von Heinrich VII. darstellen soll (nach dessen Wort: „my Yard be the measure of England") oder nicht, jedenfalls theilt man es in 36 Zoll oder 432 Linien. 1760 Yards bilden bekanntlich die englische Meile. Es sind wiederholt Stäbe gefertigt worden, welche gesetzlich als Normal-Etalons anerkannt wurden, sie waren aber stets so beschaffen, dass die Bestimmung ihrer Länge einer gewissen Willkühr überlassen blieb, weshalb sie, sammt ihren Copien, für feine Messungen völlig ungeeignet waren, welcher Umstand den Werth der, mit grossem Aufwand von Hülfsmitteln jeder Art ausgeführten, englischen Gradmessungen beträchtlich verringert. Die ungemeine Verbreitung des Yard zwingt aber auch die nach anderem Maasse Messenden, von dessen Länge Kenntniss zu haben, weshalb ich hier anführe, dass diese gesetzlich = 405.3426 Pariser Linien festgestellt ist.

Von ungleich grösserem Interesse ist für uns die Toise. Sie ist = 6 Fuss = 72 Zoll = 864 Linien. Der erste, gute Etalon, durch den sie dargestellt wurde, ist der im Jahre 1734 gefertigte, mit dem Bouguer und Lacondamine zwischen Tarqui und Cotchesqui in Peru ihre so musterhaft durchgeführte Gradmessung anstellten. Er führt daher den Namen: „Toise du Pérou," ist aus Eisen, und hat parallele Endflächen, zwischen denen bei + 13° R. (+ 16°.25 C.) die Länge der Toise enthalten ist. Es ist nicht anzunehmen, dass man es bereits 1734 verstanden haben sollte, die Endflächen so richtig anzuschleifen, dass aus deren Convergenz oder Unebenheit keine heutzutage messbaren Fehler entsprängen, und wirklich widersprechen die Certificate, welche die aus Paris kommenden Copien der Toise begleiten, einander dergestalt, dass man über die wahre Länge der Toise um beinahe den Hundertsten Theil einer Linie im Unsichern bleibt*).

Das dritte Hauptmaass, das Meter, ist zur Zeit der französischen Revolution geschaffen. Wenn auch jeder Gebildete die consequente Durchführung der decadischen Theilung mit Jubel be-

*) Bessel, das preussische Längenmaass, pag. 27—33.

Uebrigens soll — nach einer unverbürgten Nachricht — die in Paris zur Vergleichung benutzte Normaltoise gar nicht die wahre Toise du Pérou sein, die sich vielmehr in einem deplorablen Zustande befinde, sondern eine später gefertigte, also vielleicht bessere, Copie derselben.

grüsst, so ist doch nicht zu verkennen, dass die Art, wie die Länge des Meter bestimmt wird, als gänzlich missglückt anzusehen ist. Die erste Idee war, 1 Meter solle der zehnmillionte Theil eines Erdmeridian-Quadranten sein, und da die zwischen Dünkirchen und Formentera angestellte Gradmessung den letzteren = 5130740 Toisen ergab, so folgt daraus 1 Meter = 0.513074 Toisen oder 443.2960 Linien. Es wurde unter dieser Voraussetzung ein Etalon aus Platin gefertigt. Nachgehends stellte es sich heraus, dass die Erde gar kein Rotations-Ellipsoid sei, wolle man aber ihrer Gestalt durch ein solches möglichst nahe kommen, so würde die Quadranten-Länge desselben etwa 440 Toisen mehr betragen, also sehr nahe 5131180 Toisen.*) Hierdurch nahm die Länge des Meter um etwa $^1/_{12}$ mm zu, man zog es aber vor, die Bestimmung durch den Erdquadranten nun fallen zu lassen, und so wurde die Länge des Meter gesetzlich zu 443.2960 Linien der Toise du Pérou festgesetzt, so dass also der Erdquadrant 10 Million und 858 Meter enthält. Hierdurch verlor das Meter seine Bedeutung als Naturmaass, es wurde aber zu einer genau bestimmbaren Grösse, oder würde es wenigstens geworden sein, wenn es möglich wäre, die Länge der Toise selbst unzweideutig zu ermitteln.

So etwa standen die Sachen, als im Jahr 1835 Bessel mit der Regulirung des preussischen Längenmaasses beauftragt wurde. Bessel bediente sich eines vortrefflichen Apparates von Baumann, der mit Repsold'schen Mikrometern (Wasserwaagenfühlhebeln von gränzenloser Empfindlichkeit) versehen war. Wunderbar ungeschickt muss der Beobachter sein, der mit so vorzüglichem Apparat nicht Erstaunliches erreicht, und wunderbar schlecht hätte der Apparat sein müssen, mit dem Bessel nicht Unerhörtes geleistet hätte. Das Resultat seiner mit beispielloser Genauigkeit durchgeführten Arbeit ist beschrieben in dem pag. 31 citirten Werk, dessen ganzer Titel ist: „Darstellung der Untersuchungen und Maassregeln, welche in den Jahren 1835—1838 durch die Einheit des preussischen Längenmaasses veranlasst worden sind; von F. W. Bessel. Berlin 1839.“ Ein kurzer populärer Auszug aus diesem Werk, ebenfalls von

*) Vergl. die Abhandlung von Prof. Encke „über die Dimensionen des Erdkörpers“ Berliner astron. Jahrbuch für 1852.

Bessel, findet sich in Schumacher's astronom. Jahrbuch für 1840, pag. 117—168. — Die hohe Wichtigkeit dieser Arbeit besteht zunächst darin, dass überhaupt zum ersten Mal ein — nicht ohne Absicht und Anstrengung verletzbarer — Etalon gefertigt wurde, aus dem man eine Länge ohne Zweideutigkeit entnehmen kann, dann darin, dass dafür gesorgt wurde, dass durch das Normal-Eichungs-Amt Copien dieses Etalon zu erlangen sind, aus denen das Maass (3 preussische Fuss) bis auf den zehntausendsten Theil einer Linie mit völliger Sicherheit erkannt werden kann. Dieselben werden von Herrn Baumann gefertigt, und dann von demselben Künstler auf dem Bessel'schen Apparat direct mit dem Normal-Etalon selbst verglichen. Hierdurch bekommt das preussische Maass eine solche Wichtigkeit, dass es an der Zeit erscheint, die Länge anderer Maasse, zum Beispiel des Meter, nicht mehr mit der Toise du Pérou in Zusammenhang zu setzen, sondern — bei fast 100fach grösserer Sicherheit — vom preussischen Maass zu nehmen. Der preussische (sogenannte rheinische) Fuss sollte nach dem Gesetz 139.13 Linien betragen, welche Länge man bei der Vergleichung aus einer Copie der Toise nahm, die 1823 von Fortin angefertigt, und deren Certificat durch Arago und Zahrtmann ausgestellt war. Diese Copie ist überall gemeint, wenn in Preussen von der Toise die Rede ist, wie sie denn auch den bekannten Bessel'schen Constanten des Erd-Sphäroids zu Grunde liegt. Andere Copien der Toise stimmen — wie erwähnt — weder mit ihr noch unter einander überein. Da nun 1 preussischer Fuss 139.1300 Linien dieser Copie, ein Meter aber 443.2960 Linien der Toise du Pérou beträgt (deren Sicherheit wir pag. 31 kennen lernten), so hielte ich es für einen Fortschritt, wenn man — wenigstens in Deutschland — seine Länge = 458.81279 preussischer Linien annähme, das heisst = 443.296 Linien der Königsberger Copie der Toise. Diese hierdurch genau bestimmte Länge nun nehme ich stets als Meter an und benutze einen unter dieser Voraussetzung von Herrn Baumann für mich angefertigten Etalon aus Stabeisen, dessen parallele Endflächen nach dem Certificate bei 0° einen Abstand haben, der um 0.025 mm länger ist, als ein Meter. Beim Gebrauch setze ich voraus, dass jeder Réaumur-Grad seine Länge um 0.0144 mm ändert.

Ich habe den Gegenstand ausführlicher besprochen, als hier

absolut nothwendig war, weil ich glaube, dass er nicht so allgemein gekannt und gewürdigt ist, wie er es sein sollte. Die Besitzer guter Etalons, und die, welche sich solche zugänglich machen können, werden daraus ersehen haben, welchen Standpunkt die vier besprochenen Hauptmaasse einnehmen.

Es bleibt noch übrig, diejenigen zu befriedigen, welche sich nicht in dem genannten Fall befinden. In ihrem Namen frage ich: „Wie verschafft man sich die Länge des Meter?“ Diese Frage versetzt uns in die Zeiten, in denen man das Universum durchmusterte, um irgend eine constante Länge zu finden, die sich zur Maass-Einheit empfehlen könnte. Wir würden nothwendigerweise das Schicksal derer theilen, welche sich mit solchen Fragen beschäftigt haben, wir würden abtreten müssen, ohne etwas gefunden zu haben, oder wir würden in Absurditäten gerathen, wenn es sich hier wirklich um dasselbe handelte, wie damals. Dies ist aber glücklicherweise nicht der Fall. Nach dem pag. 18 über die Genauigkeit der Mikrometermessungen Gesagten ist klar, dass jeder Weg zum Ziel führt, auf dem die absolute Länge irgend einer Linie bis auf $^1/_{10}$ Procent ihrer Grösse genau gefunden werden kann.

Ganze Reihen von Methoden habe ich zu dem Ende geprüft, sie scheitern fast alle an einer der folgenden 2 Klippen: entweder kann die betreffende Länge nicht genau bestimmt werden (wie z. B. die Länge der Röhre, deren Ton mit den überall verbreiteten Stimmgabeln ohne Schwebungen übereinstimmt), oder die Bestimmung könnte zwar mit ausreichender Schärfe gemacht werden, es ist aber anzunehmen, dass die Beobachter, welche dessen fähig wären, auch in der Lage sind, dass sie zu einem genügenden Etalon den Zugang finden können (hierher gehören die Messungen der Interferenzstreifen bei dem Licht der Salzflamme, deren Wellenlänge sehr genau bekannt ist, oder die Wägung von Körpern unter Wasser, wobei man vom Kilogramm auf das Litre übergeht). Die Dimensionen allgemein verbreiteter Münzen können in unserem Fall ebenfalls dazu dienen, den fehlenden Etalon zu ersetzen, wie ich denn auch wirklich den Durchmesser der neuen preussischen Thaler (sogenannten Vereinsthaler) ziemlich constant = 33.06 mm gefunden habe.

Doch ich wende mich lieber ab von einem elenden Nothbehelf

und hin zu dem Mittel, das wiederholt vorgeschlagen und wiederholt verworfen ist, als man nach einem Normal-Maass strebte, welches aber vor allen anderen geeignet ist, rasch die Länge des Meter, oder jedes andern Maasses, mit recht befriedigender Annäherung zu geben, zum Sekundenpendel.

Setzt man die Länge eines beliebigen Pendels $= l$
dessen Schwingungszeit $= t$
die Länge des Sekundenpendels $= s$
so ist $l = s \, . \, t^2$.

Da nun Sekundenuhren hinlänglich verbreitet sind, und da man deren Gang bis auf $^1/_{50}$ Procent (etwa $^1/_4$ Minute täglich) überall ermitteln kann, so hat man nur ein Pendel schwingen zu lassen, welches sich von einem einfachen nicht allzusehr entfernt (sehr feiner Faden; Kugel so schwer, wie der Faden erlaubt; Länge 1—3 Meter; Elongationen sehr klein) um l finden zu können, wenn s bekannt ist. Da fast alle Formeln, die eine Näherung für s geben sollen, ziemlich fehlerhaft sind, weil sie unter Vernachlässigung mehrerer (erst später entdeckter) Correctionen berechnet sind, so will ich hier erwähnen, dass die Formel:

$$s = 994.04 + 0.08 \, \psi$$

(wobei ψ die Anzahl der Grade ist, um die man sich nördlich vom 50. Breitengrad befindet, und s die Länge des Sekundenpendels in Millimetern ist) für $\psi < 10$, also zwischen Madrid und Stockholm, den Werth für s so genau darstellt, wie dies bei den starken Unhomogenitäten der Erde überhaupt möglich ist.

Bei dieser Methode kann aber die Einwirkung verschiedener Fehlerquellen nicht vermieden werden, deren Einfluss jedoch so gut wie gänzlich beseitigt wird, wenn man nach Bessels Methode*) nicht die Pendellänge misst, sondern den Unterschied zweier Pendellängen. Diese Methode trifft so genau den Nerv der Sache, dass die durch sie erreichbare Genauigkeit ins Wunderbare geht, und welches Vertrauen dieselbe erhalten hat, zeigt das unterm 10. März 1839 erlassene Gesetz, dessen §. 3 anordnet: „dass die für Berlin**) gültige Länge des einfachen Sekundenpendels, die in preussischem

*) Bessel, Untersuchungen über die Länge des einfachen Sekundenpendels, pag. 1.
**) Heutige magnetische Warte, neben der Sternwarte.

Maass = 456.1626 Linien beträgt, vorkommendenfalls selbstständig zur Ermittelung des preussischen Maasses dienen soll."

Wer die oben citirten Bessel'schen „Untersuchungen" gelesen hat, wird freilich dieses Vertrauen gerechtfertigt finden, wird aber auch ersehen haben, dass eine solche Pendelmessung die Arbeit von Monaten ist, und dass sie nicht nur einen geschickten Beobachter erfordert, sondern Hülfsmittel jeder Art, wie solche an wenig Orten der Welt zu finden sind. Ich wünschte diesen Eindruck dahin zu vervollständigen, dass diese Methode auf einem so vorzüglichen Princip beruht, dass man bei Unterlassung aller Vorsichtsmaassregeln und bei grober Vernachlässigung sämmtlicher Correctionen doch einen Werth für die gesuchte Länge bekommt, der der Wahrheit erstaunlich nahe kommt.

Nennt man

die Schwingungszeit eines langen Pendels T
dessen Länge L
die Schwingungszeit eines kurzen Pendels t
dessen Länge l
die Länge des einfachen Sekundenpendels s

so ist:

$$L = T^2 \,.\, s$$
$$l = t^2 \,.\, s$$

also:

$$(L - l) = s\,(T^2 - t^2)$$

oder:

$$(L - l) = s \,.\, (T + t) \,.\, (T - t)$$

was für die logarithmische Rechnung bequemer ist. Die nach einer willkürlichen Skala gemessene Verkürzung $(L - l)$ des langen Pendels wird durch diese Formel in Millimetern gegeben, wodurch man den absoluten Werth der benutzten Skalentheile erfährt. Ich gebe hier als Beispiel eine solche Messung, die ich bereits vor längerer Zeit angestellt habe. Das Pendel bestand aus einer eisernen Kugel von etwa 300 Grammes Gewicht, die an einem feinen Zwirnfaden hing. Der Faden war über einen fest in die Decke geschraubten Haken gelegt und an der Wand befestigt, so dass die Kugel in jeder Höhe festgehalten werden konnte. Die Uhr eilte jeden Tag etwa ⅓ Minute vor, so dass ihre Angaben stets etwa um $^1/_{4000}$ zu gross sind. Ich versetzte das Pendel, das etwa 3 Meter lang sein mochte, in sehr kleine Schwingungen, und fand, dass 36 Schwingungen 61.3 Sekunden dauerten, woraus $T = 1.703$ Sekunden folgte. Nun begann die eigentliche Beobachtung. Da das Zählen der Schwingungen ebenso lästig, wie überflüssig ist, so beschränkte ich mich auf die Wahrnehmung, dass nach Verlauf von

$$4^m\ 1^s.8^{*)}$$
$$7^m\ 2^s.4$$
$$9^m\ 1^s.8$$
$$12^m\ 2^s.0$$

das Pendel jedes Mal eine gerade Zahl von Schwingungen vollbrachte. Dass diese Zahlen gerade waren, zeigte die Richtung des Schwunges. Setzt man diese 4 Zahlen $= \alpha, \beta, \gamma, \delta$, so findet man durch den vorher ermittelten Näherungswerth sofort, dass

$$\alpha = 142$$
$$\beta = 248$$
$$\gamma = 318$$
$$\delta = 424$$

war, so dass man hat

142	Schwingungen	dauerten	241.8	Sekunden
248	-	-	422.4	-
318	-	-	541.8	-
424	-	-	722.0	-

Daraus folgt der wahrscheinlichste Werth von $T = 1^s.70318$ das heisst in richtiger mittlerer Zeit: $T = 1^s.70275$.

Nun verkürzte ich das Pendel ganz genau um die Länge eines Stabes, dessen Länge ich ermitteln wollte, und wiederholte die Beobachtung. Nun dauerten 44 Schwingungen 60.5 Sekunden, woraus $t = 1^s.375$ folgt. Gerade Anzahlen von Schwingungen wurden vollbracht in

$$2^m\ 1^s.0$$
$$3^m\ 1^s.2$$
$$7^m\ 0^s.2$$
$$10^m\ 2^s.0$$

---

*) Indem ich diese Beobachtungen stets in der Nähe einer vollen Minute machte, hoffte ich, dem Einfluss einer etwaigen kleinen Excentricität der Sekundentheilung zu entgehen.

und hier findet man — durch $t = 1^s.375$ —

$$\varepsilon = 88$$
$$\zeta = 132$$
$$\eta = 306$$
$$\vartheta = 438$$

Also dauerten 88 Schwingungen 121.0 Sekunden
132 - 181.2 -
306 - 420.2 -
438 - 602.0 -

daraus folgt $t = 1^s.37386$ Uhrzeit $= 1^s.37352$ mittlere Zeit. — Die Polhöhe war $52\frac{1}{2}^0$, also $\psi = +2\frac{1}{2}$, also $s = 994.24$ mm.

$$T = 1.70275$$
$$t = 1.37352$$
$$(T + t) = 3.07627 \quad \log = 0.4880245$$
$$(T - t) = 0.32923 \quad \log = 0.5174994 - 1$$
$$s = 994.24 \quad \log = 2.9974912$$
$$\log (L - l) = 3.0050151$$
$$(L - l) = 1011.62$$

Der Stab war also 1011.62 mm lang, daraus ergiebt sich die Länge des Meter, und das Ziel ist erreicht. Später fand ich durch sehr sorgfältige Messung die Stablänge 1010.66 mm, also nur 0.96 mm kürzer, kaum $\frac{1}{11}$ Procent, obgleich weder Elongation, noch Luftwiderstand, noch Fadenmoment beachtet sind. Durch Wiederholung solcher Beobachtungen und Anbringung der ebengenannten drei Haupt-Correctionen kann man die Sicherheit mit denselben Mitteln auf das 3—4fache erhöhen.

Nachdem ich somit den Weg beschrieben habe, auf dem man sich leicht in den Besitz eines Etalon von ausreichender Genauigkeit setzen kann, und mithin berechtigt bin, den Besitz eines solchen vorauszusetzen, wende ich mich nunmehr zu der zweiten, eben besprochenen Schwierigkeit, die darin bestand, dass die grossen Etalons nicht direkt mit den kleinen Mikrometerskalen verglichen werden können, und dass die gewöhnlichen Mittel zur Verkleinerung der ersteren (zum Beispiel das Eintheilen durch Zirkel) von Fehlern begleitet sind, welche weit grösser sind, als die zu entdeckenden Mikrometerfehler.

Reihenweise habe ich auch hier die Methoden geprüft, durch

welche man die absolute Länge kleiner Grössen bestimmen kann; ich will aber hier nur auf zwei derselben genauer eingehen.

Die erste derselben wird von Prof. Harting empfohlen*). Sie ist von Jurin erfunden**) und besteht darin, dass man einen Draht (etwa eine Klaviersaite) auf einen dickeren Cylinder so wickelt, dass die Windungen einander berühren, dann eine grosse Menge derselben zählt und mit dem Etalon misst, wodurch man die Dicke des Drahtes mit fast grenzenloser Genauigkeit bestimmen kann. Durch Vergleichung dieser Dicke mit dem zu prüfenden Mikrometer erfährt man offenbar sofort den absoluten Werth der Intervalle und man ist am Ziel. Da diese Methode so ganz in Jedermanns Bereich liegt, und so leicht ausführbar ist, so verdient sie unsere Beachtung sicherlich im höchsten Grad, auch habe ich auf ihre Prüfung eine sehr beträchtliche Zeit verwendet. — Ich habe mich indessen wiederholt aufs entschiedenste davon überzeugen müssen, dass dieselbe nicht gleiche Schärfe besitzt, wie unsere besten Messungen, so dass sie zwar zur Erlangung einer Näherung nicht warm genug empfohlen werden kann, dass sie uns aber im Stich lässt, wenn es die äusserste Genauigkeit (1/6 — 1/10 Procent) gilt.

Zunächst giebt es keinen Draht von constantem Querschnitt; da sich vielmehr das Loch beim Ziehen durch Abnutzung allmälig erweitert, bis es vom Arbeiter auf die alte Grösse zurückgebracht wird, so wäre der Draht im besten Fall ein schwacher Conus. Das ginge noch an, weil man das später angewandte Stück mitten aus den Windungen herausschneiden kann. Der Draht ist aber von ganz regelloser Form, er ist voll Anchwellungen und Verdünnungen, je nachdem das Metall an dieser Stelle eine grössere oder geringere Weichheit und Dehnbarkeit hatte. Man wird unter Dutzenden von von Saiten kaum ein 1/2 Meter langes Stück finden, in dem diese Anschwellungen nicht nachzuweisen sind, und selbst an dem besten Draht, den ich je gesehen habe (weiches Kupfer, etwa 1/5 Millimeter dick, für Galvanometer bestimmt), habe ich nur mit Mühe Stücke von dieser Länge gefunden, die von dem genannten Fehler wirklich frei waren. Solche Stücke sind also nicht jedem überall ohne

*) Hartings „Mikroskop" pag. 504, 505.

**) C. Chevalier, Des Microscopes et de leur usage, pag. 136.

Mühe zugänglich. Herr Prof. Harting hatte die Gefälligkeit, mir von dem am angeführten Orte beschriebenen Originaldraht ein Stückchen zu übergeben. Obgleich ich dasselbe genau nach Vorschrift auflegte (den kleinen Durchmesser horizontal), und obgleich es kaum 40 mm Länge hat, zeigte es doch eine veränderliche Dicke, die zwischen 1805 und 1837 Theilen pag. 23 genannten Skala schwankt, so dass seine nominelle Dicke von 0.13060 mm zu keiner hinreichend scharfen Bestimmung führen kann.

Ferner ist es ziemlich schwer, die Windungen vollkommen dicht an einander zu legen, es ist dies aber durchaus nothwendig, weshalb man sich unter dem Mikroskop überzeugen muss, dass es gelungen sei.

Ferner darf man nicht übersehen, dass das, was man gemessen hat, (a, Fig. 13) gar nicht die Dicke des Drahtes ist, welche viel

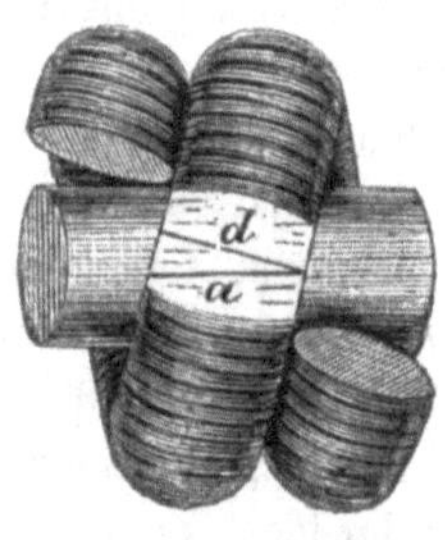

Fig. 13.

mehr durch d bestimmt wird. Nennt man die Dicke des geraden Cylinders D, so kann man mit hinreichender Annäherung setzen:

$$d = a \left(1 - {}^{1}/_{20} \left[\frac{a}{a + D}\right]^2\right)$$

der Fehler ist $= (a - d)$; er ist in der Regel sehr klein und darf $= 0$ gesetzt werden, wenn D erheblich grösser ist als a, ich habe aber auch besponnene Guitarre - Saiten geprüft, bei denen D nicht viel grösser als a, und also $(a - d)$ etwa ${}^{1}/_{80}\, a$ war, was den erlaubten Fehler um das 12fache übertrifft,

Ferner ändert sich beim Aufwinden der Querschnitt des Drahtes indem er sich einer Ellipse nähert, deren grosse Achse mit der des Cylinders parallel läuft, ausserdem plattet er sich innen ab, und zwar um so stärker, je mehr ihn der Cylinder an Härte übertrifft. Beim Abwickeln ändert er seine Gestalt nochmals, ohne aber in die alte Gestalt zurückzugehen. Diese Aenderungen sind alle messbar und werden daher auch alle merkbar influiren. Ich hoffte, das Ziel gleichwohl zu erreichen, indem ich ein Stück des genannten, guten Kupferdrahtes aufwand, die Windungen maass und nun die Dicke des immer noch aufgewundenen Drahtes mit dem Mikrometer verglich; es waren aber immer noch Fehlerquellen vorhanden, die daraus entsprangen, dass die Oberfläche eines Drahtes keine Ebene bildet, dass in Folge davon das im Mikroskop entstehende Bild eine ungemein gedehnte Gestalt hat, dass dabei die Bedingungen der schärfsten Einstellung nicht sehr präcis ausgesprochen werden können, und dass mithin der Draht bei mehreren, anscheinend scharfen, Einstellungen sich dennoch in verschiedenen Entfernungen vom Objectiv befand.

Weil es zur Verständniss des oft wundersam verzogenen Bildes häufig erforderlich ist, dessen Gestalt aus der gegebenen Gestalt des Objectes berechnen zu können, und weil diese Berechnung auf ungeeigneten Wegen eine mehr oder minder verwickelte wird, so will ich den vorliegenden Fall als Beispiel benützen, indem ich nachweise, welche Gestalt das Bild des Drahtes hat. Da es hier natürlich nur auf eine oberflächliche Bestimmung ankommt, so dürfen wir beide Aberrationen des Objectives als völlig compensirt ansehen; ferner dürfen wir die Bildwölbung vernachlässigen, weil die Drahtdicke in der Regel klein ist gegen den Abstand des Drahtes vom Objectiv. Aus diesem Grunde können wir auch vom Einfluss des Collectives absehen und einfach die Gestalt aufsuchen, welche das Bild des verticalen Querschnittes des Drahtes — also das Bild eines Kreises — hat.

Es sei nun in Fig. 14

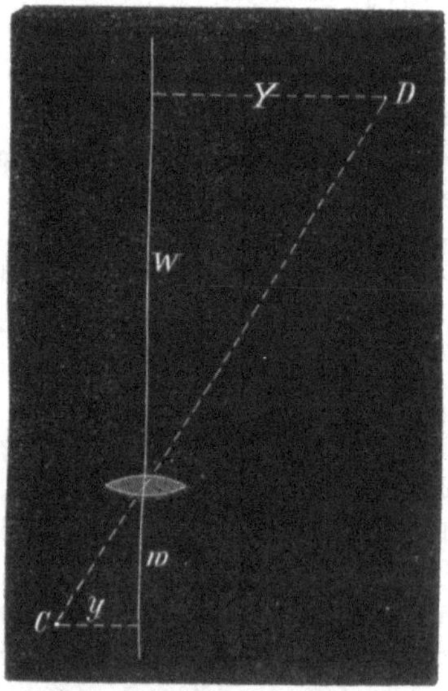

Fig. 14.

C ein leuchtender Punkt
D sein Bild
w und y die Coordinaten von C
W und Y die Coordinaten von D
b die Brennweite des Objectives,

so sind die bekannten Formeln:

$$W = \frac{w \cdot b}{w - b}$$

$$Y = \frac{y \cdot b}{w - b}$$

Diese Formeln führen aber nicht auf dem möglichst kurzen Weg zum Ziel. Setzt man aber (siehe Fig. 15)

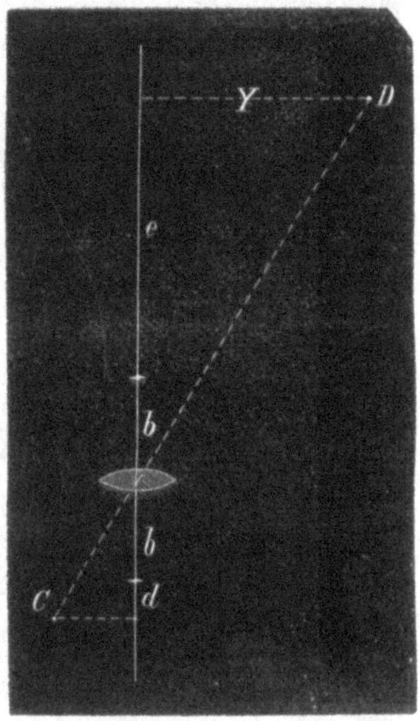

Fig. 15.

$$w = b + d$$
$$W = b + e,$$

so findet man durch einfache Substitution:

$$e = \frac{b^2}{d}$$

$$Y = y \cdot \frac{b}{d}$$

welche Formeln für unseren Zweck, und wohl stets, die geeignetsten sind. Nun sei ein Kreis vom Radius r gegeben, (Fig. 16) dessen

Ebene und Centrum beide genau in der optischen Achse liegen. Sein Centrum stehe vom Objectiv um $(b + a)$ ab. Jetzt wird der

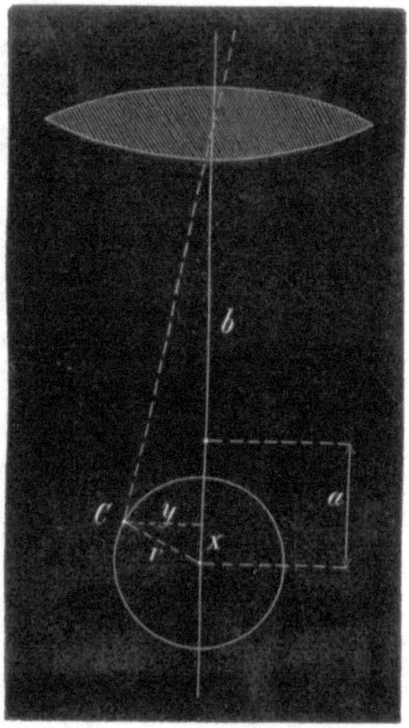

Fig. 16.

Punkt C bestimmt durch die Coordinaten x und y, wobei begreiflicherweise $y^2 = r^2 - x^2$ ist,

ferner ist offenbar $d = (a - x)$

$$\text{also} \quad e = \frac{b^2}{a - x}$$

$$\text{und} \quad Y^2 = \frac{(r^2 - x^2) \cdot b^2}{(a - x)^2}$$

Diese beiden Formeln geben bereits implicite Y als Function von e; die erste derselben giebt sofort

$$x^2 = \left(a - \frac{b^2}{e}\right)^2$$

$$\text{und } (a - x)^2 = \frac{b^4}{e^2}$$

setzt man diese Werthe in die zweite Gleichung, so findet man

$$Y^2 = e^2 \left(\frac{r^2 - a^2}{b^2} \right) + 2\,ae - b^2.$$

Für den untersten Punkt des Kreises ist $x = -r$

$$\text{also } d = a + r$$

$$\text{und } e = \frac{b^2}{a + r}$$

Dies e entspricht begreiflicherweise dem untersten Punkt des Bildes, und rechnen wir die Abscissen (E) von diesem Punkte an aufwärts, so ist

$$e = \frac{b^2}{a + r} + E$$

und wenn man diesen Werth in die letzte Gleichung für Y einsetzt, so erhält man

$$Y^2 = E^2 \frac{(r^2 - a^2)}{b^2} + 2Er$$

Schreibt man dafür

$$Y^2 = 2rE - E^2 \frac{(a^2 - r^2)}{b^2}$$

so erkennt man sofort, dass dies nichts ist, als die Gleichung der Ellipse aus dem Scheitel. Dabei ist die halbe

$$\text{grosse Achse} = r \,.\, \left(\frac{b^2}{a^2 - r^2} \right)$$

$$\text{kleine Achse} = r \,.\, \sqrt{\frac{b^2}{a^2 - r^2}}$$

Das Bild ist also eine Ellipse, deren grosse Achse in die optische Achse des Objectives fällt, und welche durch unsere Formel vollkommen bestimmt ist. Aus der letzteren kann man leicht berechnen,

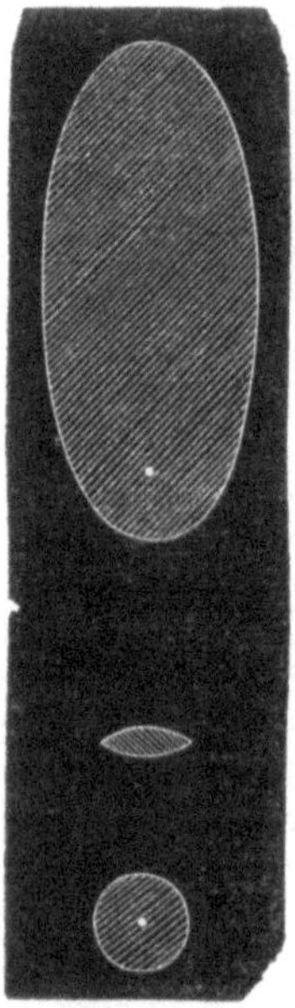

Fig. 17.

dass, wie Fig. 17 andeutet, das Bild des Kreis-Mittelpunktes keineswegs in die Mitte der Ellipse trifft, sondern wesentlich tiefer. Hieraus folgt, dass das bei der scharfen Einstellung auf das Ocularmikrometer fallende Bild des horizontalen Durchmessers des Drahtes durchaus nicht das grösste ist, sondern dass die Bilder höher liegender (also kleinerer) horizontal im Drahte gezogenen Sehnen grösser sind. Ihre Diffusionsbilder quellen daher über den, sonst seeharf begränzten, Rand des Drahtbildes vor, so dass man bei gar keiner Einstellung ein so scharfes Bild bekommt, wie man sonst zu sehen gewöhnt ist, und da die Schärfe der Umrisse hier gerade das einzige Mittel ist, die scharfe Einstellung zu erkennen, so wird dieser Umstand zu einer Fehlerquelle. Ist die zur feinen Einstellung dienende Einrichtung zu Messungen anwendbar (ich lese 0.0004 mm ab, also etwa $^1/_{2500}$ Millimeter) so wird man alle hierhergehörigen Versuche sehr leicht ausführen können, wobei das pag. 4 besprochene Wiegen mit dem Spiegel von Nutzen sein wird.

Ich glaubte der so leicht ausführbar und so grenzenlos genau scheinenden Jurin-Harting'schen Methode eine so eingehende Besprechung schuldig zu sein. Ich wünschte, den Eindruck hervorgerufen zu haben, dass dieselbe zur Erlangung von Näherungswerthen unvergleichlich ist, dass aber in allen Fällen, in denen man die Genauigkeit über 1 Procent hinaus treiben will, kein Princip zur Anwendung kommen darf, welches in ähnlicher Weise auf Messung gewölbter Körper beruht.

Die andre Methode, welche ich zur Sprache bringen wollte, und deren Anwendung ich hierdurch vorschlage, beruht auf dem Princip, dass nicht Körper, sondern Verschiebungen von sehr genau bekannter Grösse mit dem Mikrometer verglichen werden.

Bald nachdem ich diesen Gedanken erfasst hatte, construirte ich einen Apparat (Fig. 18) bei dem das Mikrometer auf ein an

Fig. 18.

dieser Stelle durchbohrtes Lineal gelegt wurde, welches sich um eine verticale Achse drehen liess, von der die optische Achse des Mikroskopes etwa 200 mm abstand. Durch Drehung des Lineals konnte ein Strich nach dem andern unter den Normalfaden des Mikroskopes gebracht werden, die Drehungsgrösse wurde mit Spiegel und Skala gemessen. Ich habe die Methode erwähnt, weil sie am nächsten liegt, ich gehe aber nicht näher auf sie ein, weil sie nicht ausreichender Schärfe fähig ist. Bei meinem Apparat entsprach eine Verschiebung von 1 Millimeter einer Drehung von nur etwa ¼ Grad.

Ich versuchte hierauf eine zweite Methode, die wesentlich mehr versprach und auch wirklich leistete. In einem Rahmen verschob sich eine Art Schlitten (siehe Fig. 19), gebildet durch eine Latte,

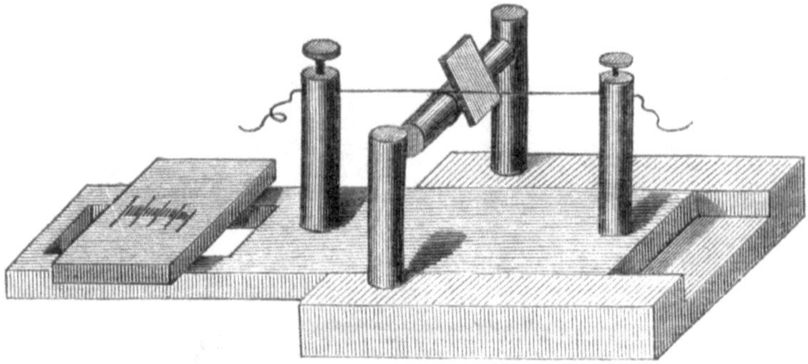

Fig. 19.

die wiederum das Mikrometer an einer durchbohrten Stelle trug; ferner trug der Schlitten 2 Klemmsäulen, zwischen denen ein sehr feiner Draht ausgespannt war. Derselbe war einmal ganz um einen Cylinder geschlungen, welcher in 2 Lagern ruhte, die am festen Rahmen befindlich waren. Ausserdem trug der Cylinder einen Spiegel. — Während nun das Mikrometer unter dem Mikroskop von Strich zu Strich verschoben wurde, versetzte der Draht den Cylinder in Drehung, deren Grösse durch Spiegel und Skala gemessen wurde.

Ist r der Radius des Cylinders
ϱ der des Drahtes
φ die Drehung, in Graden ausgedrückt,
v die ihr entsprechende Verschiebung,

so ist

$$v = \varphi \times \left(\frac{r + \varrho}{57.3}\right)$$

den letzten Coefficienten wird man aber nicht etwa a priori berechnen, sondern dadurch a posteriori bestimmen, dass man eine grosse Verschiebung, die man mit dem Etalon messen kann, etwa 200—250 mm, misst. Diese Verschiebung muss ganz genau einer vollen Anzahl von Umdrehungen entsprechen. Bei meinem Modelle war z. B. ein Verschieben von 206.5 mm nöthig, um den Spiegel genau 10 mal herumzudrehen, also bewirkten 3600° Drehung 206.5 mm, und 1° also 0.05736 mm Verschiebung, also war stets $r = \varphi \times 0.05736$ mm. Da also 1 Millimeter Verschiebung etwa 18° Drehung bewirkte, so war die Empfindlichkeit dieser Methode (die man übrigens durch Wahl eines dickeren Cylinders beliebig mässigen kann) eine sehr bedeutende. Ein geringer Fehler in der Centrirung des Cylinders ist nicht sehr schädlich, weil der Letztere vom Umfange aus gedreht wird, dagegen darf man die Entfernung des Spiegels von der Achse nicht ausser Acht lassen. Obwohl nun zwar die Anwendung meines — übrigens sehr rohen — Modelles zu weniger gut unter einander übereinstimmenden Resultaten führte, und mit mehr Umständlichkeit verknüpft war, als ich wohl gewünscht hatte, so erwarte ich doch, gerade durch diese Methode noch einen ungemein hohen Grad der Genauigkeit zu erzielen.

Ich wende mich nun zum letzten Mittel, da sich anwandte, und das in der That die gewünschte Genauigkeit bietet. Beschreibt man — wie Fig. 20 zeigt — aus 2 Punkten, die den Abstand a haben,

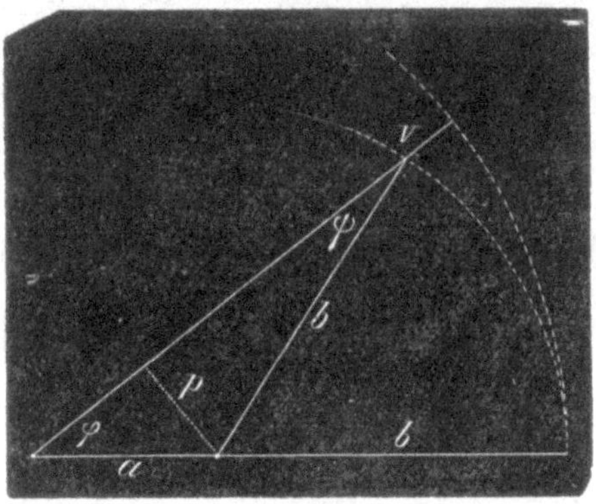

Fig. 20.

2 Kreise, die einander von innen berühren, so hat der kleinere Kreis den Radius b, der grössere $(a + b)$. Die Kreise trennen sich sehr langsam von einander, so dass der Winkel φ schon ziemlich gross sein muss, damit r merkbar werde. Fällt man das Loth p, so springt in die Augen, dass

$$r = a + b - a \cdot \cos\varphi - b \cdot \cos\psi$$

und dass

$$b \cdot \sin\psi = a \cdot \sin\varphi,$$

dass also $\sin\psi = \frac{a}{b} \cdot \sin\varphi$

und $v = a\,(1 - \cos\varphi) + b\,(1 - \cos\psi)$ ist.

Nun ist zwar die Elimination von ψ leicht möglich, allein man kann sie umgehen, indem man $a = b$ macht, wodurch offenbar $\psi = \varphi$ wird. Diese Annahme soll also von nun an stattfinden. Alsdann ist
$$v = 2a\,(1 - \cos\varphi)$$
oder bequemer
$$v = 4a\,\sin^2 {}^1\!/_2\,\varphi.$$
Trägt nun der lange Radius am freien Ende ein Mikroskop, das scharf eingestellt ist auf ein am freien Ende des kurzen Radius befestigtes Mikrometer, so liegt auf der Hand, wie man durch Messung von φ zur Kenntniss von v gelangt; ich gehe aber auf diese Anordnung nicht näher ein, weil ich sie nicht in dieser Form anwandte. Anstatt nämlich die Verbindungslinie beider Centra festzuhalten und die Radien zu drehen, wie bisher, habe ich wie Fig. 21

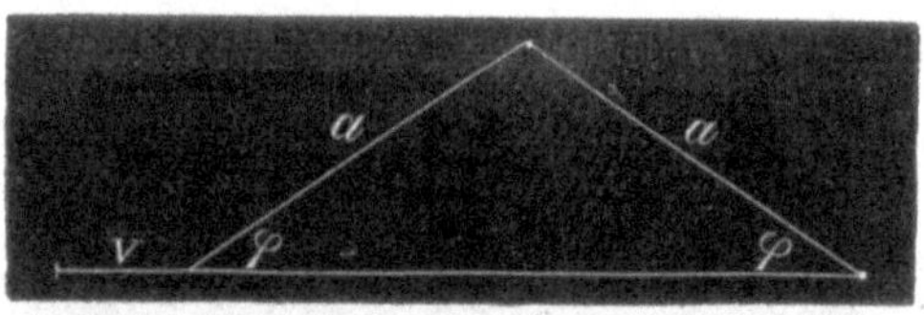

Fig. 21.

andeutet, den langen Radius fest gemacht und die beiden kurzen Linien verschiebbar angenommen. Da ich durch die Leistungen meines Modells im höchsten Grad befriedigt bin, so will dasselbe hier ausführlich beschreiben. Fig. 22 zeigt den Rahmen R in $^1/_4$

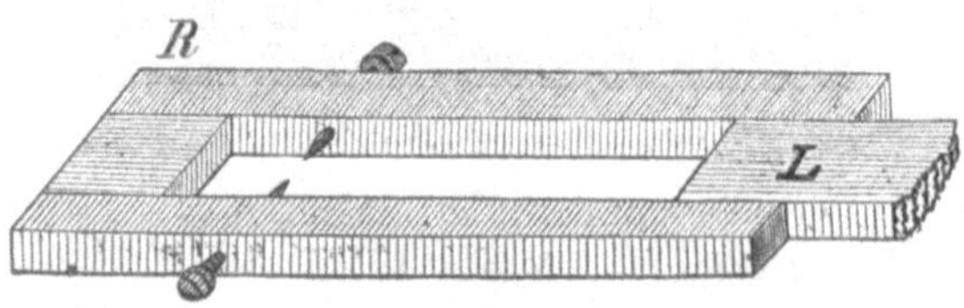

Fig. 22.

der natürlichen Grösse; die theilweise gezeichnete Latte L ist $^1/_2$ Meter lang. In ihrer Mitte verbreitet sich diese Latte zu einem Kreuz, um die — noch zu beschreibenden — kürzeren Stücke zu unterstützen. Etwa 400 Millimeter von Rahmen entfernt trägt sie eine Erhöhung, deren Zweck aus Fig. 24 ersichtlich werden wird.

Der Schlitten — Fig. 23 — ist in halber natürlicher Grösse dar-

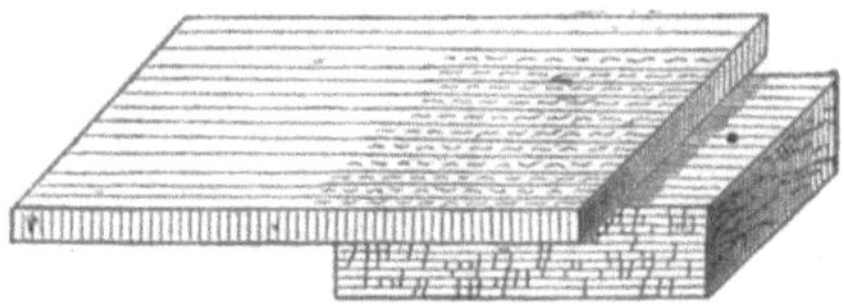

Fig. 23.

gestellt, er besteht aus einem Klötzchen, welches von der Latte L (Fig. 22) abgeschnitten ist, und mithin im Rahmen leicht und ohne Spielraum verschoben werden kann. Darauf geleimt ist eine sehr klare Spiegelglasplatte, die man gern ein wenig schwer nimmt. Die beiden kürzeren Stücke sind Latten von etwa 220 Millimeter Länge; das eine derselben führt vom Schlitten zum Kreuz, das andere liegt auf diesem ersten und der ebenerwähnten, ebenso hohen, Erhöhung auf. Die Drehpunkte stellte ich dadurch her, dass ich die abgebrochenen Spitzen von Nähnadeln in an geeigneten Orten eingebohrte Löcher vollkommen unbeweglich und so tief befestigte, dass die Spitzen etwa 1 Millimeter weit hervorstanden; ich überzeugte mich, dass diese Art eine grosse Genauigkeit zuliess. Mittelst der beiden Schrauben wurde nun der Rahmen am Mikroskop (von dem der Objecttisch abgenommen war) befestigt — siehe Fig. 24 — und dasselbe auf das auf der Spiegelglasplatte liegende Mikrometer scharf eingestellt.

Ich hatte mich überzeugt, dass es wirklich innerhalb der Gränzen der Messbarkeit gelungen sei, $a = b$ zu machen, und zwar zeigte sich, $a = b = 209.92$ mm, also ist für diesen Apparat:

$$v = 839.68\,\text{mm} \times \sin {}^2 \tfrac{1}{2} \varphi$$

Bleibt φ unter 5^0, so darf man $\sin {}^2 \tfrac{1}{2} \varphi = \tfrac{1}{4} \varphi^2$ setzen, doch that ich das nicht. Zur Probe nahm ich ein von Wappenhans geschnittenes Ocularmikrometer, auf dem 5 Millimeter getheilt sind, und da es hier nur eine Näherung gelten sollte, legte ich bei T — möglichst genau centrirt — einen Transporteur auf, wie sich solche in guten Reisszeugen finden. Derselbe hatte etwa 70 Millimeter

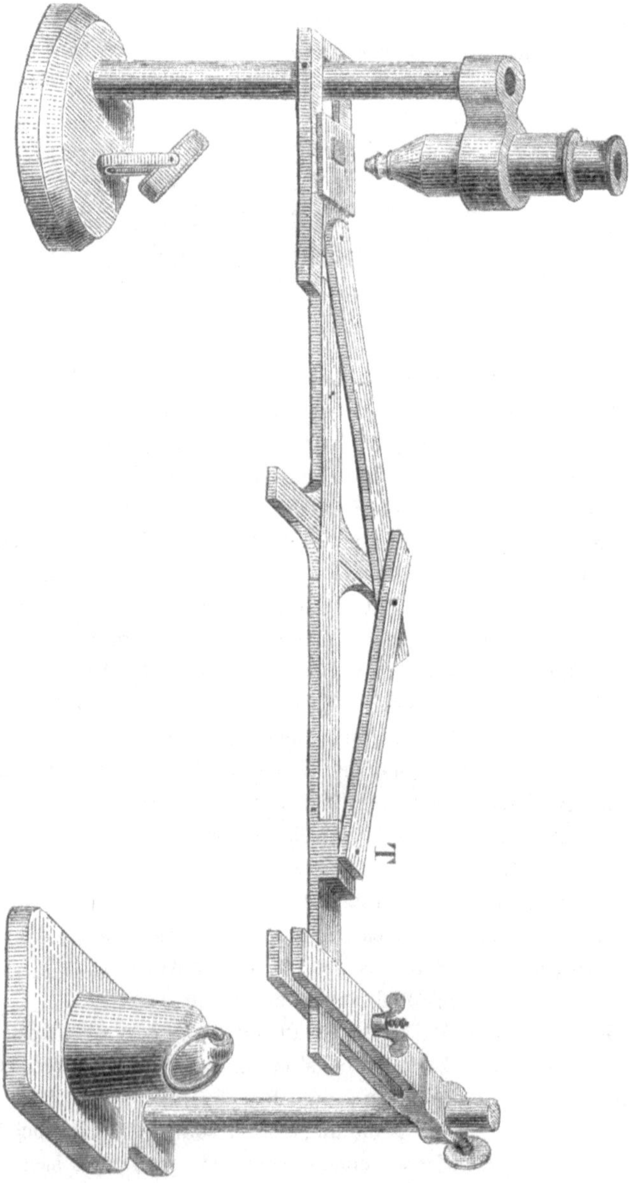

Fig. 24.

Radius und war sehr sauber in halbe Grade getheilt; durch eine Art Vernier wurde es möglich, Minuten zu schätzen. Offenbar gehören zur Einstellung jedes Mikrometerstriches 2 Ablesungen, je nachdem die beiden verschiebbaren Stücke auf diesem oder auf jenem Arm des Kreuzes auflagen. Indem ich nun auf die langen, vollen Millimetern entsprechenden, Hauptstriche einstellte, kam ich zu folgenden Ablesungen:

0	90° 15′	90° 15′
1	86° 18′	94° 12′
2	84° 42′	95° 48′
3	83° 25′	97° 2′
4	82° 18′	98° 7′
5	81° 20′	99° 4′

daraus folgt:

1	$2\varphi = 7^0\ 54'$	$^1/_2\varphi = 1^0\ 58.'50$	$\log\sin {}^2{}^1/_2\varphi = 7.07472$
2	$- = 11^0\ 6$	$- = 2^0\ 46.'50$	$- \quad - = 7\ 36733$
3	$- = 13^0\ 37'$	$- = 3^0\ 24.'25$	$- \quad - = 7.54727$
4	$- = 15^0\ 49'$	$- = 3^0\ 57.'25$	$- \quad - = 7.67718$
5	$- = 17^0\ 44'$	$- = 4^0\ 26.'00$	$- \quad - = 7.77365$

1	$\log 4a \sin {}^2{}^1/_2\varphi = 9.99890$	$v = 0.998$ mm
2	$- \quad - = 0.29151$	$- = 1.957$ mm
3	$- \quad - = 0.47145$	$- = 2.961$ mm
4	$- \quad - = 0.60136$	$- = 3.993$ mm
5	$- \quad - = 0.69783$	$- = 4.987$ mm.
15 nominelle Millimeter		$= 14.896$ mm;

Also sind 15 nominelle Millimeter = 14.896 mm; also hat jedes sogenannte Millimeter dieses Mikromters eine Länge von 0.99307 mm,

und diese Zahl würde wirklich völlig genau sein, wenn der Apparat vollkommener gewesen wäre. Wenn nicht ruckweise Holz auf Holz, sondern gut abgeschliffene und geölte Metallbahnen auf einander gleiten, wenn die Verschiebung der Arme über das Kreuz hin nicht mit der Hand, sondern durch eine Schraube ausgeführt wird, — dann werden die jetzt unvermeidlichen Fehler verschwinden, dann wird man auch mit Vortheil die Drehung durch Spiegel und Skala messen. Ein oberflächlicher Versuch, bei dem die Skala genau 1 Meter vom Spiegel abstand — also diesem unerhört nahe war — zeigte schon den mitttleren Fehler der Ablesung kleiner, als 12 Bogensekunden, so dass man hier offene Thür für eine Genauigkeit hat, die unsere Messungen noch nicht kennen.

Eine ausführliche Besprechung der jetzt so sehr allgemeinen Skalenablesung ist hier wohl nicht am Orte, nur einige Punkte möchte ich noch hervorheben.

1. Darf der wahrscheinliche Fehler 2—3 Minuten betragen — in welchem Falle ein guter Transporteur allenfalls ausreicht — so kommt man mit Dioptern — ohne Fernrohr — aus.

2. Schon ein schwaches Fernrohr erlaubt, 20 Bogensekunden zu verbürgen; will man einzelne Sekunden mit Sicherheit ablesen, so bedarf man bei grosser Distanz und fein getheilter Skala ein gutes Fernrohr von 40—60facher Vergrösserung.

3. Lassen sich die gewöhnlichen — terrestrischen — Fernröhre nicht weit genug ausziehen, so kann man aus der Ocularröhre die 2 dem Objective näheren Gläser herausschrauben, wodurch sich das Fernrohr in ein, ungleich kürzeres, astronomisches verwandelt.

4. Die Schärfe der Beobachtung nimmt zu, wenn man statt Eines Fadens zwei parallele Fäden äusserst nahe neben einander in das Ocular des Fernrohres spannt.

5. Die charakteristische Fläche eines Glaspiegels ist um $1/3$ der Glasdicke von der belegten Seite entfernt.

6. Die Entfernung der spiegelnden Fläche vom Centrum der Drehung ist unter allen Umständen so klein wie irgend möglich zu wählen, da sie stets Fehler verursacht. Durch die pag. 53 besprochene Verdoppelung der Ablesungen werden diese Fehler jedoch beinahe vollkommen eliminirt; — ja man wird wohlthun, 4 Ablesungen zu machen, zwischen denen man a und b vertauscht (was durch eine ganz geringe Modification des Apparates Fig 24 ausführbar wird), weil alsdann auch noch der Einfluss eines etwaigen Unterschiedes zwischen a und b verschwindet.

7. Die Entfernung der spiegelnden Fläche von der Skala macht man am besten durch beiderseitigen Contact genau um ⅔ der Glasdicke grösser, als die Länge einer Latte, die sauber gearbeitete Endflächen hat, und deren Verhältniss zur Länge der Skalentheile genau bekannt ist.

8. Es ist zwar möglich, aber ungemein schwer, das zu prüfende Mikrometer so auf die Spiegelglasplatte zu legen und durch ein Tröpfchen Collodium zu befestigen, dass der 0te Mikrometerstrich vollkommen genau mit dem Normalfaden zusammenfällt; dies ist aber durchaus nothwendig, wenn man nicht durch eine sehr lästige Nebenrechnung die erforderlichen Correctionen anbringen will. Man kommt aber sehr leicht zum Ziel, wenn man in einen Spinnefaden einen Knoten knüpft, oder — wenn man damit nicht zu Stande kommt — einen stark bestaubten Spinnefaden nimmt und so in's Ocular des Mikroskopes spannt, dass der Knoten oder ein besonders kenntliches Stäubchen etwa in ⅓ des Durchmessers des Gesichtsfeldes trifft. Dreht man nun das Ocular herum, so kann man leicht den Knoten genau auf den Mikrometerstrich bringen, wenn letzterer auch nur einigermaassen zurechte gelegt ist.

Ich stehe nunmehr wirklich am Ziele, denn mit der Ermittelung des Verhältnisses der Intervalle und des absoluten Werthes ihrer Summe ist die Prüfung des Mikrometers beendet. Dass das so ermittelte Resultat einen mehr als speciellen Werth habe, das alle auf Einer Theilmaschine geschnittenen Glasmikrometer wirklich ganz genau dieselben Fehler haben, hat zwar eine gewisse Wahrscheinlichkeit für sich; man muss indessen bedenken, dass bei der Anfertigung verschiedener Mikrometer der Schlitten der Theilmaschine wahrscheinlich an verschiedenen Stellen der Schraube gestanden haben wird, und dass diese ausser den schon besprochenen Fehlern noch etliche andere, theils periodische, theils fortschreitende, Ungleichheiten hat. So kann es denn geschehen, dass die auf gleicher Theilmaschine unmittelbar nach einander gefertigten Mikrometer sich merklich von einander unterscheiden, wie ich das auch aus Erfahrung bestimmt weiss. Wenn daher auch Prof. Harting (in seinem „Mikroskop,“ pag. 505) allgemein die Länge des nominellen Millimeters bei

Oberhäuser 0.959 mm
Ch. Chevalier 0.969 mm
Dollond 0.981 mm
Plössl 1.067 mm

angiebt, so wird man doch bei sehr genauen Bestimmungen wohlthun, sich nicht allzufest auf solche Zahlen zu verlassen, sondern das anzuwendende Mikrometer zum Gegenstand einer eigenen Prüfung zu machen.

Druck von Trowitzsch und Sohn in Berlin.

Druck von Trowitzsch und Sohn in Berlin.

FSC
www.fsc.org
MIX
Papier | Fördert
gute Waldnutzung
FSC® C083411

Zeitfracht Medien GmbH
Ferdinand-Jühlke-Straße 7
99095 Erfurt, Deutschland
produktsicherheit@kolibri360.de